设计新思维

当科学元素遇上建筑装饰

中国科协科学技术传播中心　著

李敬嚣　乔汉华

孙朝晖　主审

江苏凤凰科学技术出版社

南京

Pioneering Thinking in Design: When Scientific Elements Meet Architectural Decoration

图书在版编目（CIP）数据

设计新思维：当科学元素遇上建筑装饰 / 中国科协
科学技术传播中心，李敬嚞，乔汉华著 . -- 南京：江苏
凤凰科学技术出版社，2021.4
ISBN 978-7-5713-1811-6

Ⅰ . ①设… Ⅱ . ①中… ②李… ③乔… Ⅲ . ①科学技
术 – 应用 – 建筑装饰 Ⅳ . ① TU238-39

中国版本图书馆 CIP 数据核字 (2021) 第 043825 号

设计新思维：当科学元素遇上建筑装饰

著　　　者	中国科协科学技术传播中心　李敬嚞　乔汉华	
主　　　审	孙朝晖	
项 目 策 划	凤凰空间 / 郑亚男　彭　娜	
责 任 编 辑	赵　研　刘屹立	
特 约 编 辑	张爱萍	

出 版 发 行	江苏凤凰科学技术出版社
出版社地址	南京市湖南路 1 号 A 楼，邮编：210009
出版社网址	http://www.pspress.cn
总 经 销	天津凤凰空间文化传媒有限公司
总经销网址	http://www.ifengspace.cn
印　　　刷	北京博海升彩色印刷有限公司

开　　　本	710 mm × 1000 mm　1/12
印　　　张	23
字　　　数	288 000
版　　　次	2021 年 4 月第 1 版
印　　　次	2021 年 4 月第 1 次印刷

标 准 书 号	ISBN 978-7-5713-1811-6
定　　　价	198.00 元

设计新思维

当科学元素遇上建筑装饰

编委会

著者
中国科协科学技术传播中心
李敬鬻　　乔汉华

主审
孙朝晖

著作团队
冯宜哲　　鲍妮娜　　刘浩宇　　周忠斌　　董晓康　　马东阳

设计团队
侯珊　　张宁　　赵莎　　马金磊　　黄小轩

支持单位
北京华开建筑装饰工程有限公司

序

翻开这本书，几何定理、牛顿定律、光学原理、分子结构……这些看似熟悉却又陌生的理论会将你拉回到高中的苦读时期，它们竟然能以如此让人意想不到的方式出现在我们的眼前。重温一下这些折磨过自己的基础知识，会发现它们不再是恼人的数字、公式，而是让人愉悦的风景和如诗画般的体验。

"勾股定理"图形组合成的"勾股树"出现在电梯厅；"黄金螺线"用普通地砖铺设在大厅地面如影随形；"数学砖块组难题"铺设的地面让数学爱好者们欲罢不能；"元素周期表"让储物柜有了独特标识；"密堆积图形"让休息椅更稳固；"费曼图"的直观和巧妙构思让原本简陋的墙面变得生动；"光的折射与反射"让空间美轮美奂……

书中列举了40多项基础性、关键性科学理论。晦涩难懂的傅立叶变换公式、不符合哲学逻辑的量子力学理论、混沌学的无序现象等在这里都有了通俗的解读、诠释以及视觉呈现。

21世纪，人类的生活随着科学技术的发展发生了翻天覆地的变化，民众享受着科技给生活带来的各种成果，有些人变得浮躁，有些人变得盲目，这些都会阻碍社会的进步。作为一名科普学者，我真切感受到提高民众科学素养的重要性，但这项工作不是一蹴而就的，而是需要从教育、生活的方方面面去引导。科学若是最美的花朵，生活就是开花的树木，科学和生活相依相存。民众的求知欲和好奇心一直都在，它需要用美丽、有趣、独特的方式去激发和点燃。

这本书不仅仅是视觉的盛宴，也为建筑装饰设计师提供了思路和方向。随着设计思路逐渐被采用，我们经过的各类场所会出现更多的科学元素。民众将能在高雅愉悦的环境中体验，在不知不觉中提高科学素养，用知识改变自己，照亮未来。

睁眼看世界，世界将看你。

科学场馆规划师、科普学者　孙朝晖

前　言

本书的著作团队大胆尝试，以"艺术化、直观化、趣味化"拆解展示抽象科学为目的，将现代科学知识领域内的重要科学元素系统化提炼出来，详述将这些科学元素融于建筑装饰设计中的办法，并展示其效果。

这些科学元素经过提炼编辑，保留符号系统，真实呈现的同时，具有艺术美感和能与大众产生共鸣的特质。简言之，本书以"科学元素是内核，艺术展示是形式，建筑装饰为载体"为宗旨，进行科学传播。当科学元素经过艺术化的设计，生动、温暖地呈现在人们经过的场域中，与日常生活不再分家时，科学传播的广度将大大扩展。

本书不仅展示了许多科学元素的艺术化视觉效果，更提供了详细的工艺做法。它不仅仅是科学与艺术结合的项目结集展示，也可作为建筑装饰设计者的参考工具书。

在本书中，你将看到耳熟能详的"勾股定理"演变成"勾股树"，成为电梯空间的一道风景；看到遵从著名公式"傅立叶变换"获得的梦幻灯光组合；看到由"黄金螺线""数学难题——砖块组"铺设的地面；看到几何定理"完美正方形""分形图案"组合的各类装饰件等。这些科学理论居然出现在建筑中的地面、墙面、顶棚、灯饰、装饰品等各个角落中。它们不仅给予你别致、高雅的视觉享受，还在告诉你科学的蕴意、艺术的魅力。

希望大家在读此书时，能获得视觉上的快乐、设计上的灵感、科学知识的领悟。

著　者

目录

插图作者：周忠斌

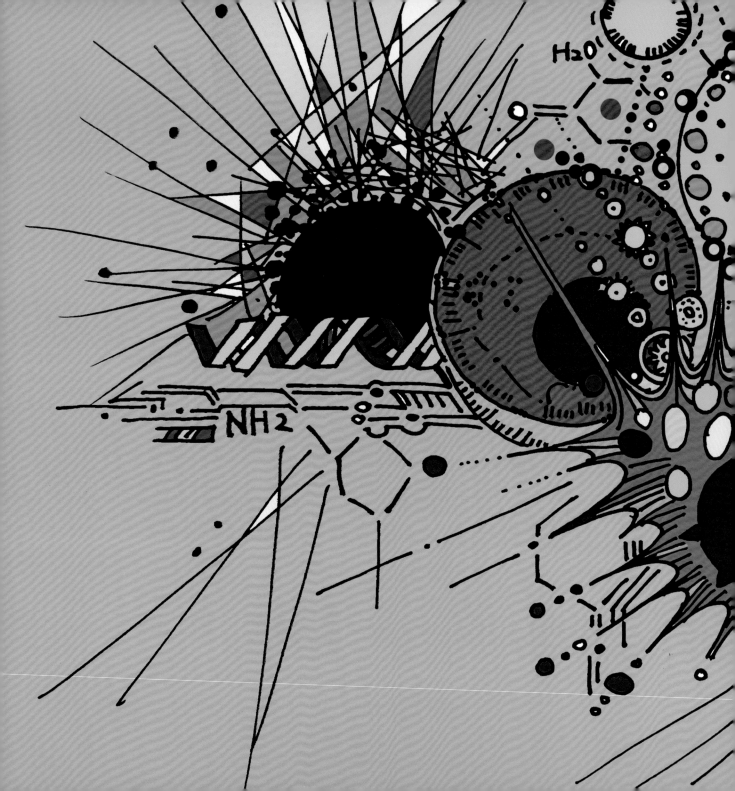

1

CHAPTER ONE

建筑装饰与科学结合的
新思维

1.1
当科学元素遇到建筑装饰

科学推动艺术发展，提升装饰设计水平

100 多年前，法国著名文学家福楼拜曾作出这样的展望：艺术并不绝对是感性的，从整个艺术史的发展来看，很多时候艺术是由理性来推动的。而科学的每一次重大进步，每一次突破性的壮举，都充满了浪漫主义的想象力。如果能够将各种科学元素融会贯通，那么无论你从事什么行业都会做得很好。

文艺复兴时期西方绘画艺术腾飞，它的根本原因不是天才艺术家的诞生，而是理性科学原理的推动。达·芬奇的代表作《蒙娜丽莎》《最后的晚餐》，米开朗基罗的壁画《最后的审判》《创世纪》，拉斐尔的油画《西斯廷圣母》等，这些流芳百世的作品最显著的特点是栩栩如生、惟妙惟肖。而它们的创作流程是这样的：首先，应用几何学的缩短法、透视法进行构图，找到"几何消失点"，以"消失点"为中心画出放射性骨架线条，然后再靠艺术家的艺术创作把人物、建筑等元素画上去，这样才让原本的平面画活灵活现。

现代的建筑装饰艺术在科学的推动下更能彰显出它的理性和美感。新材料的更新换代，制作工艺的优化，声光电的结合，都将让我们的建筑环境更加丰富多彩。

现代建筑装饰的趋势

现代装饰设计已经走向了个性化定制时代。我们走进一座座建筑，有的清新典雅，有的狂野奔放，有的庄严肃穆，其装饰构件也是各具特色，或素雅，或炫丽，或古朴，或新潮，都清晰地体现出建筑本身的定位。现代建筑装饰，单从形状、色彩、质地方面设计已较难彰显建筑的场所感，也难于让参观者产生共鸣和回味。设计师们需要走出自己纯美术体系的知识圈，用新的视角去探寻设计艺术更深层次的创意，找到突破点，让设计作品历久弥新。

科学和建筑装饰的结合

科学在我们的生活中无处不在，而建筑装饰艺术也已渗透到生活的各个角落。科学和建筑装饰艺术的结合将会开拓出建筑装饰的一片新天地。用科学符号、理论或公式创意的建筑装饰元素不仅是一条独特的个性化艺术设计的道路，更重要的是它的独特艺术美感和蕴含的意蕴能大大刺激人们的"好奇心"，而积极的"好奇心"是培养科学素养的源泉，是科学发展的动力。

科学如何与建筑装饰设计结合，科学元素如何融于建筑装饰中？

这就需要我们首先从缤纷博大的科学领域提炼出科学元素，理解它的意蕴；然后，利用装饰设计的专业知识将选取的科学元素艺术视觉化；最后将其应用到建筑装饰的"基础背景""功能装饰""主题场景"三大部分。

科学的疆域缤纷、辽阔，按领域分，可以分为基础科学、技术科学、应用科学、社会科学。其中基础科学是技术科学、应用科学的基石和出发点，它解释技术科学和应用科学最基本的科学道理，它包括数学、物理、化学、生物学、天文学、地球科学及逻辑学七大学科。所以，提炼基础科学领域中的符号、公式及理论作为设计元素既能引起共鸣，激发青少年对学习基础知识的欲望，还能让我们的设计方案"永葆青春"。另外，科学史上具有节点性意义的关键性科学内容是促进人类发展的里程碑。比如宇宙演化、地球演化、牛顿三定律、相对论和量子力学等。选取这些科学内容进行艺术化创作，会让设计师们"如饮甘泉"。让我们开启创新的艺术设计之旅吧！

1.2
新思维

科学元素融于建筑装饰，可以体现的空间应用位置十分广泛，包括顶面装饰、墙面装饰、地面铺装、门窗装饰、腰线、踢脚线及其他空间。

顶面装饰

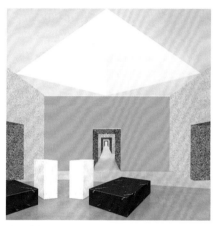

墙面装饰

地面铺装

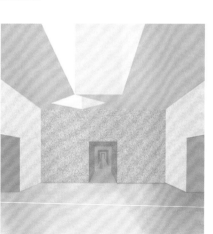

门窗装饰

腰线、踢脚线

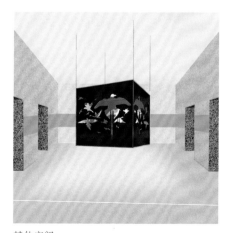

其他空间

科学元素的多样性结合创意设计,可以应用在大多数空间,如大堂、电梯厅、电梯间、走廊、贵宾室、休息室、餐厅、卫生间、停车场等。

大堂　　　　　　　　　　电梯厅　　　　　　　　　　电梯间

走廊　　　　贵宾室　　　　　　　　休息室

餐厅　　　　　卫生间　　　　　　停车场

1.3
建筑装饰类别

根据不同科学元素的应用位置及空间场景，将科学元素融于建筑装饰，可分为基础背景、功能装饰及主题场景三种建筑装饰类别，便于区分与应用。

基础背景

此类科学元素主要应用于墙面、顶面、地面的基础装饰，将元素的基础图形转化为新的装饰语言，强调实用性原则，材质的选择上应用环保、耐用的材料，施工工艺以精装的常规成熟做法为主。

功能装饰

此类科学元素在建筑装饰的应用中主要强调功能性与引导性，将元素的图形、属性、意义与特殊材质相结合，使其在装饰功能性表现中融合科学元素的设计表达。

主题场景

此类科学元素应用场景突出主题性、互动性、艺术性等特性，在空间设计上遵循"有文化、有艺术、有温度、有共情、有体验、有场景"的原则。材质的选择上具备多样性与创新性，结合特殊工艺手法进行主题性定制。

基础背景

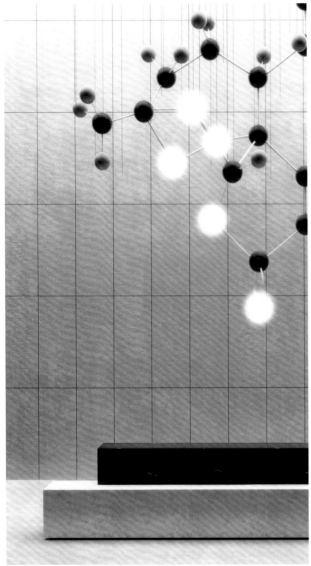

功能装饰

主题场景

2

CHAPTER TWO

"几何定理"
演化的视觉享受

2.1
勾股定理

勾股定理是基本的几何定理，即直角三角形的两条直角边的平方和等于斜边的平方。它是用代数思想解决几何问题的最重要工具之一，也是数形结合的纽带。

勾股定理约有 500 种证明方法，下面列举几种著名的证明方法。

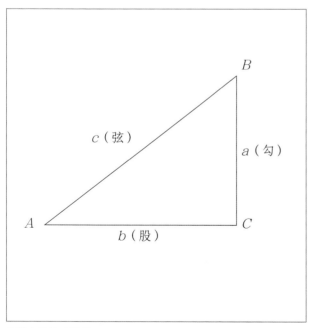

勾股定理基础图形

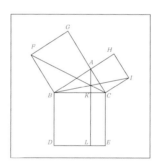

欧几里得证法

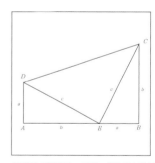

加菲尔德证法，又称"总统证法"

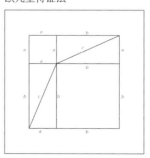

毕达哥拉斯证法

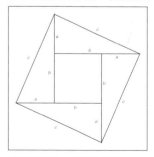

中国赵爽的"弦图"证法

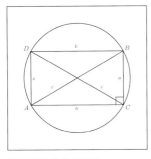

利用多列米定理证明

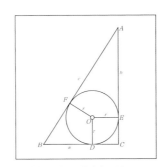

作直角三角形的内切圆证明

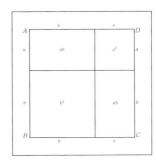

辛卜松证法

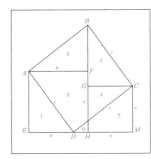

陈杰证法

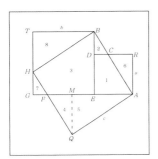

李锐证法

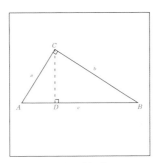

利用相似三角形性质证明

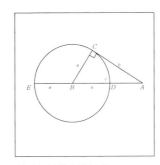

利用切割线定理证明

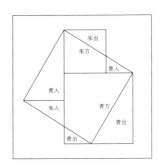

青朱出入图证法

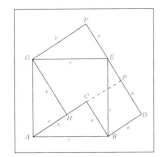

梅文鼎证法（清朝）

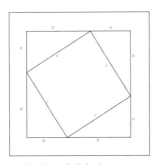

加菲尔德证法的变式

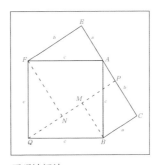

项明达证法

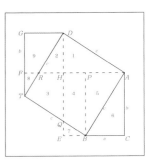

杨作玫证法

勾股定理作为"数与形"结合的纽带，在几何图形中占有举足轻重的地位。除了基础图形的应用，还可对不同证明方法的图形延展设计，产生不同的效果及美妙的视觉符号。

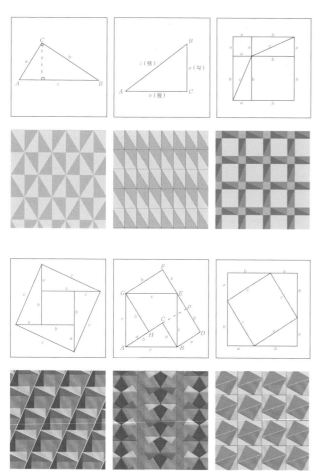

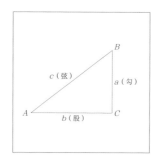

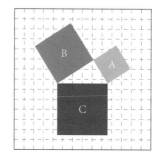

元素空间应用
基础背景

针对勾股定理特点，将其作为基础背景，结合不同材质、色彩、工艺，应用于大堂、电梯间、走廊、卫生间等空间的墙面及地面装饰。

卫生间墙面及地面分别采用根据勾股定理演化成的"直角三角形砖块"的组合形式进行扁平化设计，入口巧妙地将直角三角形作为指示灯，增强了空间的层次氛围感与功能指引性

将直角三角形定制瓷砖应用于墙面，增强空间的线条感与肌理感

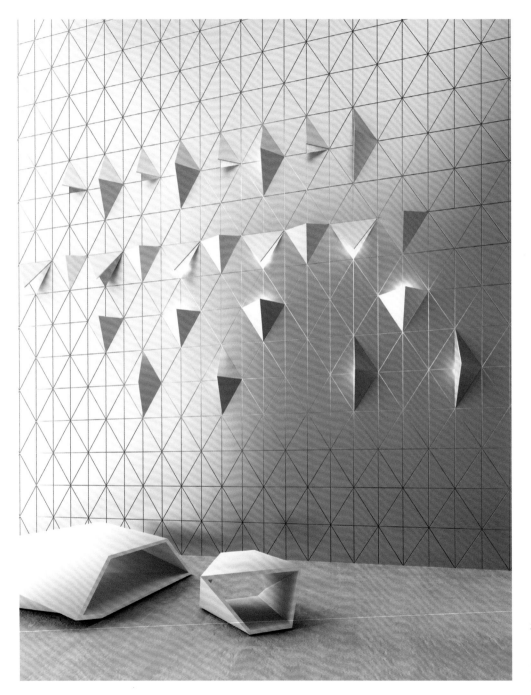

将直角三角形立体化，通过定制的金属板展现。凸起部分融入灯光效果，形成墙面的三维装饰，塑造空间的立体延伸感

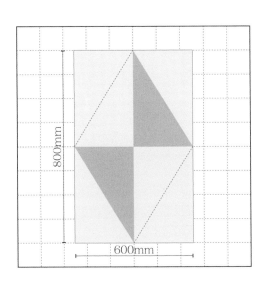

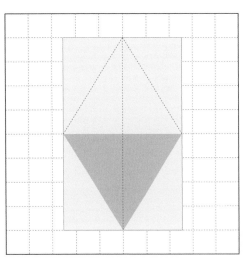

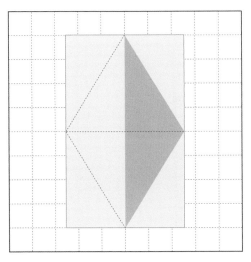

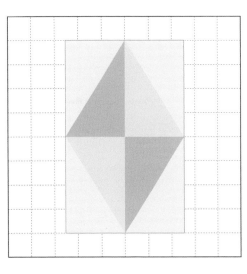

材质：铝板

应用位置：墙面

图案方向：横向、纵向

图案类型：四面重复

面板尺寸：600mm×800mm，有
特殊尺度空间需求的，可定制尺寸

工艺说明：图案定制，密拼平铺，
局部凸起造型，内藏 LED 灯

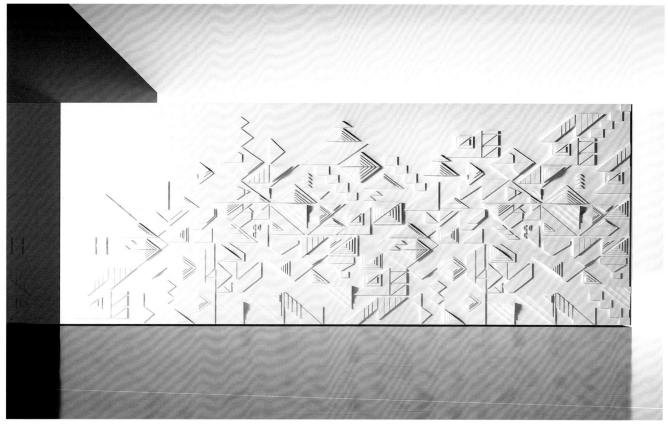

结合定制烤漆板应用于墙面作为装饰，大小不一的直角三角形，层叠累积组合成一幅高低起伏的抽象立体画面

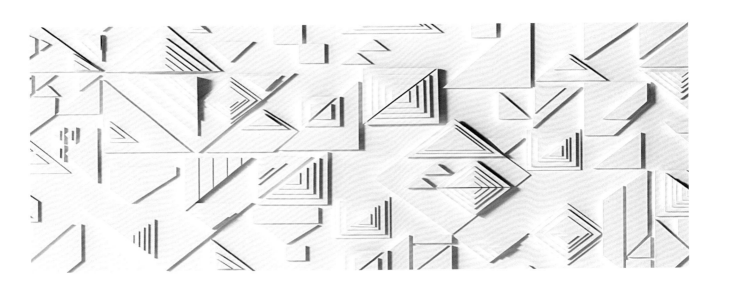

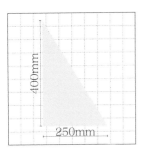

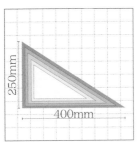

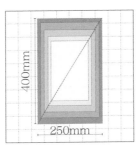

材质：烤漆板

应用位置：墙面

图案方向：横向、纵向

图案类型：不规则图形

面板尺寸：根据图形比例定制，厚度为每层 5～12mm。有特殊尺度空间需求，可定制尺寸

工艺说明：图案烤漆板定制，平铺凸起造型，底层 12mm 厚，依次以 5mm 递增厚度

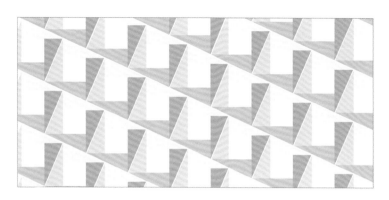

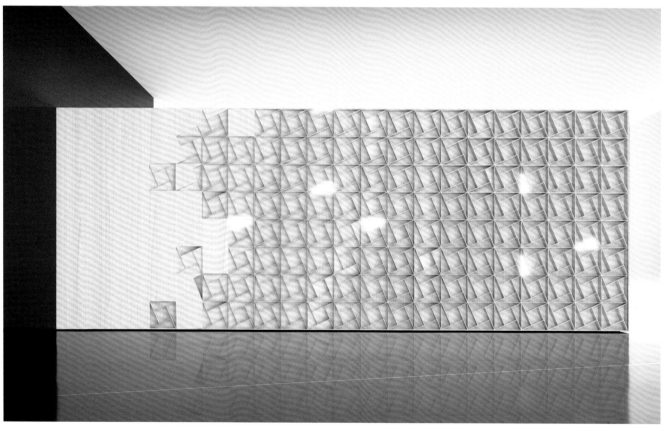

几何图形通过防火饰面板与铜板（或铝板）结合，局部叠加灯光效果，增强整体的美观性与功能性

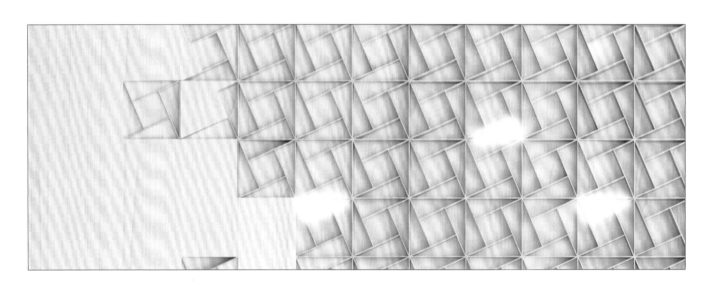

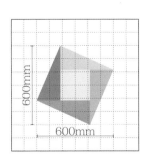

材质：防火板＋铜板或铝板

应用位置：墙面

图案方向：横向、纵向

图案类型：四面重复，局部变异

面板尺寸：图案尺寸 600mm×600mm，有特殊尺度空间需求的图案可定制尺寸

工艺说明：底层防火饰面板，图案凸起定制铜板，局部 LED 发光灯片

元素空间应用
功能装饰

勾股定理元素用于功能装饰时，考虑不同空间的使用需求，结合科学元素，强化空间属性特点。

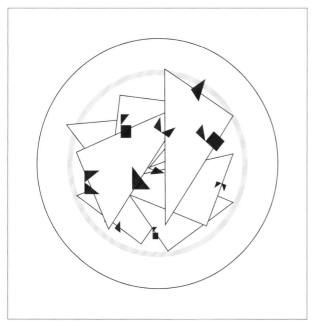

勾股定理元素用于装饰

将勾股定理元素用于餐厅入口装饰。直角三角形、相关符号与公式关系融于一盘"勾股装饰菜"，新颖独特，实现了元素与视觉引导的转换

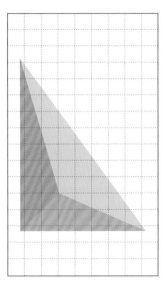

材质：草皮、仿真草皮、石材定制、钢板烤漆

应用位置：地面

图案方向：不规则

图案类型：单体图案

面板尺寸：定制

工艺说明：绿色草皮图案，白色天然石材定制，钢板切割烤漆

勾股定理元素与室内绿植景观的结合设计，对绿植空间进行立体的三角体切割，既保留了绿植景观的美感，又拓展出新的科学元素与建筑装饰的融合方式

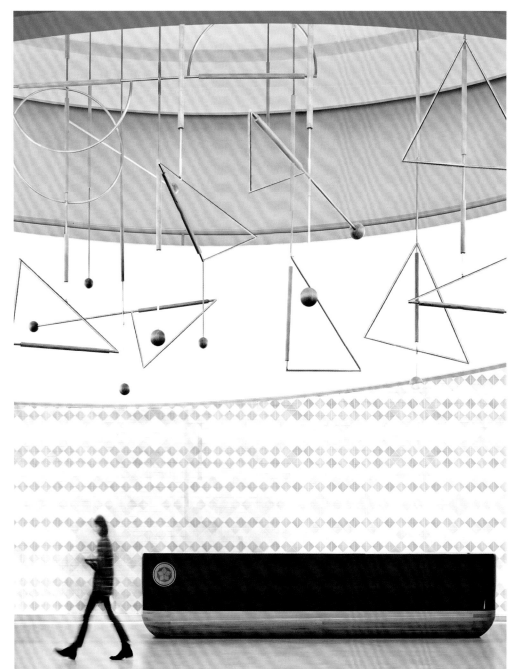

元素空间应用
主题场景

建筑空间中主题场景的设计重心是主题性与互动性，通过与装置艺术的结合，提供一些融合勾股定理元素的设计新思路。可用于大堂、电梯厅、走廊、休息室等空间。

将不同角度、不同大小的三角形，通过点、线、面的构成组合，将挂饰悬挂于空中作为艺术装置

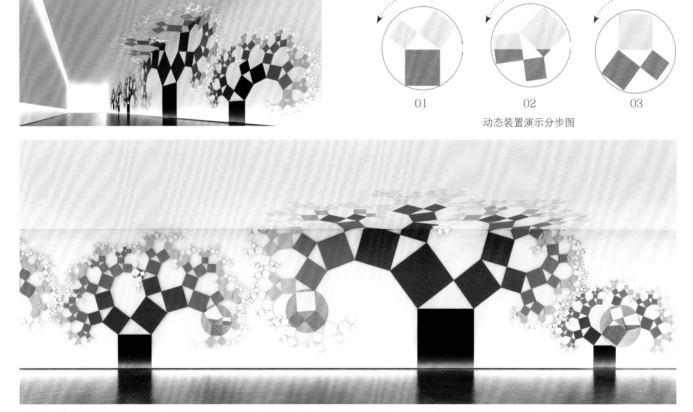

动态装置演示分步图

01　　　02　　　03

"勾股树"是根据勾股定理所画出来的可无限重复的树形图形，结合旋转互动装置以"勾股树"作为背景墙装饰元素。通过转动装置，可以验证"直角三角形的两条直角边的平方和等于斜边的平方"这一几何定理，强化了主题性、艺术性与互动性

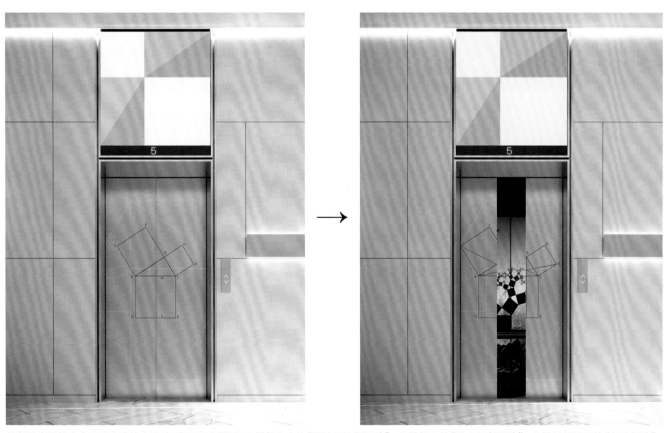

将勾股定理的多个证明方法结合设计，应用于电梯厅。电梯门头上的"毕达哥拉斯证法"、电梯门上的"欧几里得证法"、电梯轿厢地面的"赵爽证法"，以及随着门开启，缓缓呈现的"勾股树"。这些图案由简入繁、动静结合，就像"种子"生根、发芽直至生长成参天大树的动态过程

2.2
割圆术与正十七边形

割圆术

魏晋时期的数学家刘徽首创割圆术，为计算圆周率建立了严密的理论和完善的算法。"割圆术"是通过圆内接正多边形细割圆，并使正多边形的周长无限接近圆的周长，进而求得较为精确的圆周率。

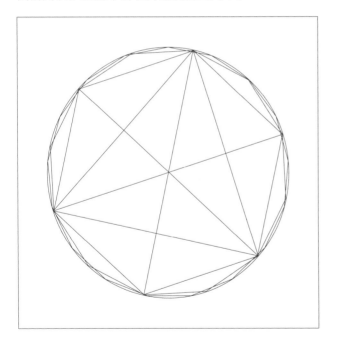

正十七边形

正十七边形，是指几何学中有 17 条边及 17 只角的正多边形。最具意义的是正十七边形的尺规作图法。

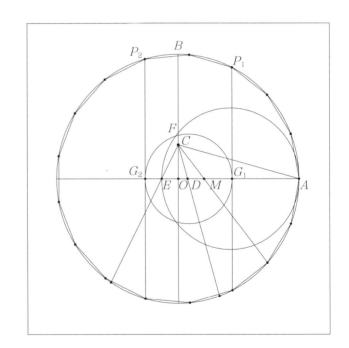

元素空间应用
基础背景

割圆术和正十七边形是数学恢宏领域中的两个条目，将两者在"圆中作图的科学规律与逻辑"作为视觉图形，应用于基础背景，结合不同材质用于大堂、走廊、休息室等空间的墙面。

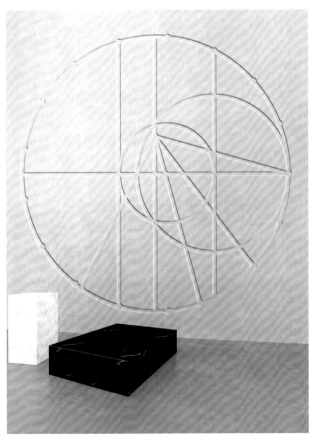 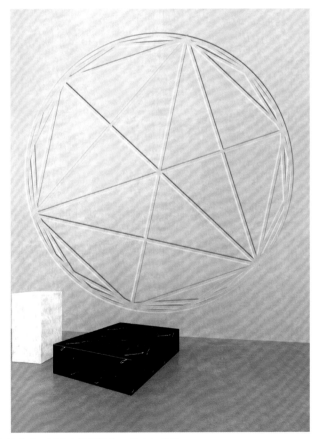

通过艺术肌理漆材质，直观展现视觉图形，强调几何图形的线条感、立体感和肌理感，便于空间的融入、结合与变换

元素空间应用
功能装饰

割圆术和正十七边形作为功能装饰元素时，可结合不同材质用于大堂、走廊、贵宾室、休息室、餐厅的入口门、天花板等特殊位置。

独树一帜的旋转门设计：将割圆术或正十七边形的形成过程巧妙地融于地面与顶面的装饰中，在人们进出旋转门时，仿佛能感受到图形的形成过程

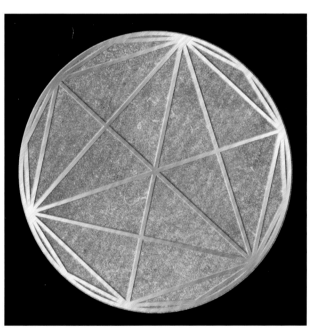

地面细节

材质：大理石、铜条
应用位置：地面
图案方向：不规则
图案类型：单体图案
面板尺寸：定制
工艺说明：基层大理石，铜条镶嵌，施工工艺参考大理石施工工艺

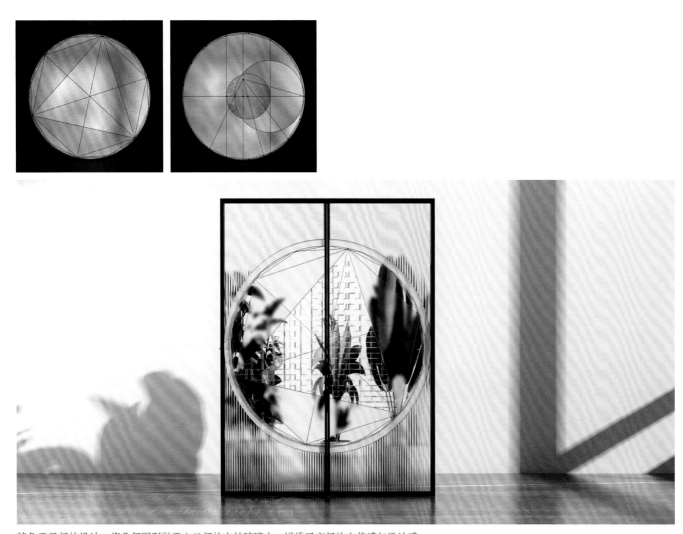

特色平开门的设计：将几何图形融于入口门的夹丝玻璃中，增添了空间的文艺感与设计感

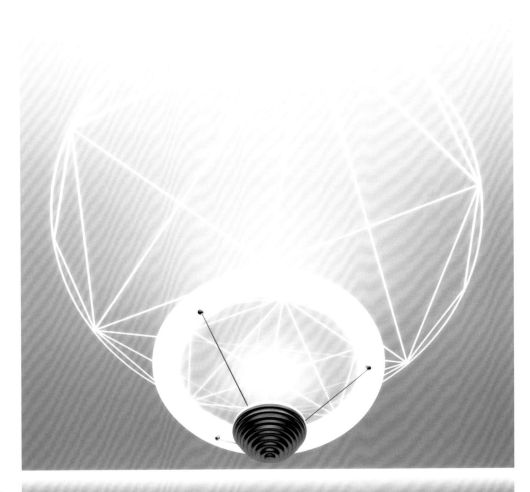

艺术灯的融合设计：将割圆术正多边形图案融于水晶艺术灯，利用灯光，将图形映射到天花板上，从而使冰冷静态的几何图形变得温暖与生动起来，象征着理性与感性的融合

元素空间应用
主题场景

用割圆术与正十七边形装饰主题场景时，可用于大堂、走廊等空间。

材质：亚克力
应用位置：顶部空间
图案方向：不规则
图案类型：单体图案
面板尺寸：定制
工艺说明：15～20mm厚亚克力导光板，亚克力雕刻深度为2～3mm，吊挂安装形式，结构内藏LED灯照明

天花板艺术装置灯设计：将割圆术"从正多形逼近圆形的绘制过程"通过一系列艺术雕刻展现，横看有阵列之感，侧看有叠加之意。站在装置的一头，能够清晰地感受到正多边形在圆内切割，由简入繁，渐渐接近圆的丰富过程，同时具备一定的指引功能

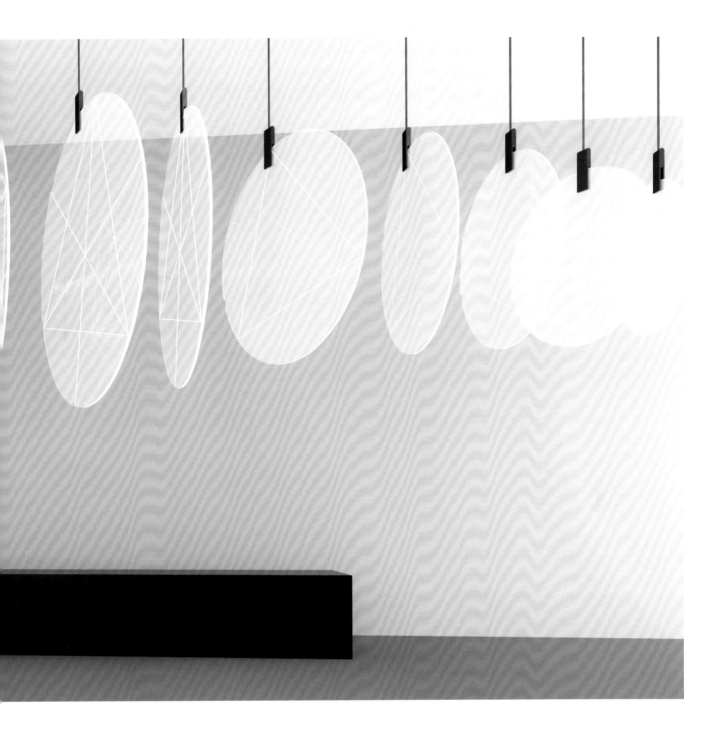

2.3
完美正方形

完美正方形指在正方形内切割出大小都相异的小正方形。数学家们已画出 63 阶、39 阶、25 阶、21 阶。目前为止，21 个大小不同的正方形是最小阶数，它的构成是唯一的也是完美的。

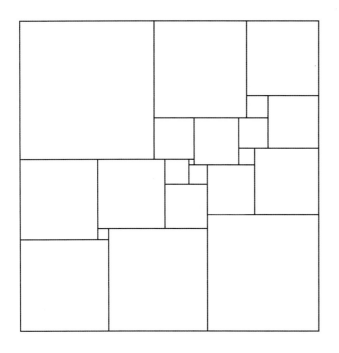

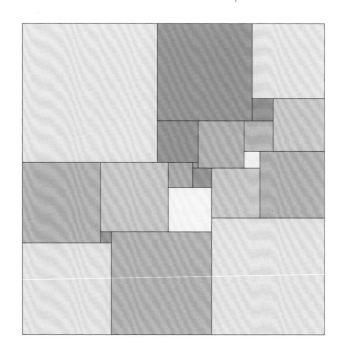

元素空间应用
基础背景

完美正方形结合不同材质，可应用于大堂、走廊、休息室、贵宾室的天花板、墙面及地面。

此图形由线绘面，从平面到立体，从二维到三维，清晰明确地传达出21阶完美正方形的面积，通过水泥艺术漆很好地展现了完美正方形的线条感及立体感

完美正方形通过双色地胶的装饰
形式在地面展现

21 块大小不一的定制正方形地砖铺装于地面，从色彩、结构、肌理等进行多维度展现

通过地毯的装饰形式，利用其质感与肌理感，丰富了完美正方形的设计表达

完美正方形从墙面到顶面贯穿整个空间，配合不同的色彩、造型、灯光，使空间层次丰富且具有沉浸感

材质：装饰板（铝板、石膏、吸声棉）
应用位置：墙面、顶面
图案方向：横向、纵向
图案类型：四面重复
面板尺寸：定制
工艺说明：立体造型，不规则拼接处理，内嵌 LED 灯片

元素空间应用
功能装饰

完美正方形作为功能装饰元素，可用于贵宾室、休息室的墙面。

完美正方形配合方格状吸声棉在墙面的延展装饰效果，美观且具备一定的隔声降噪功能

元素空间应用

主题场景

完美正方形作为主题场景设计元素，可用于贵宾室、休息室、餐厅等空间的
玻璃隔断及入口门。

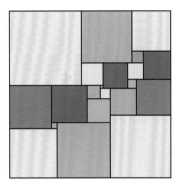

完美正方形通过彩色艺术玻璃应用于移动门，在门的滑动过程中，产生颜色、形状与光的变化，使人体验到一幅动态、抽象的画面

2.4
密堆积图形

从几何角度看，原子之间的相互结合，在形状上可以
看作是球体的堆积。如果这些原子紧密堆积，金属或
晶体就会处于平衡稳定状态。密堆积图形结构稳定、
空间利用率高。

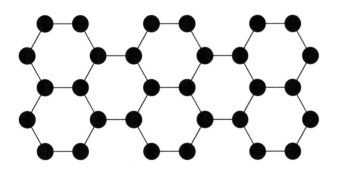

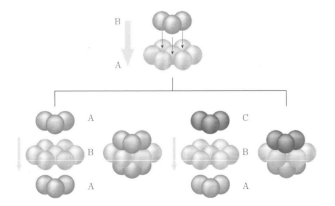

元素空间应用
基础背景

将六角密堆积图形作为设计元素，结合基础背景，应用于贵宾室、休息室的墙面。

密堆积图形通过壁纸的装饰形式在墙面展现

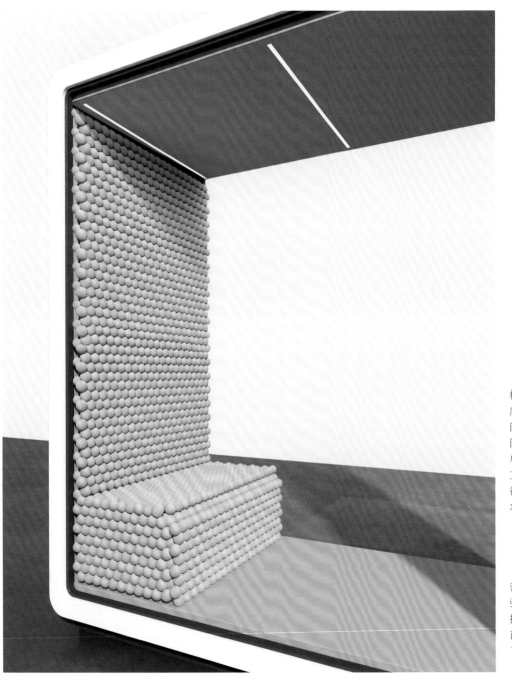

元素空间应用
功能装饰

密堆积图形作为功能装饰设计元素，可应用于休息室、餐厅等空间。

材质：高弹海绵
应用位置：墙面、底面
图案方向：多维度
图案类型：多维重复组合
单体尺寸：直径 100mm 的球形
工艺说明：球组合立体造型，规律拼接处理。有特殊尺度空间需求的项目，可定制尺寸

密堆积图形的座椅设计：利用"高弹海绵"结合立体密堆积图形的排列特性，用于座椅及其靠背墙面，结合人体工程学，有效增强了舒适度的感受和体验

元素空间应用
主题场景

密堆积主题场景的设计强调互动性与体验性，可用于走廊、休息室等空间。

材质：亚克力、树脂
应用位置：顶面
图案方向：多维度
图案类型：多维重复组合
单体尺寸：直径 100mm 球形
工艺说明：球组合立体造型，规律拼接处理，内藏 LED 灯，智能控制系统，有特殊尺度空间需求的项目可定制尺寸

密堆积图形从天花板延伸到墙面、地面。天花板艺术装置灯结合智能灯光系统，融入不断变化的"著名公式"，体现设计的多样性与互动性，墙面与地面装饰扁平化六角密堆积图形，增强了空间的延伸感

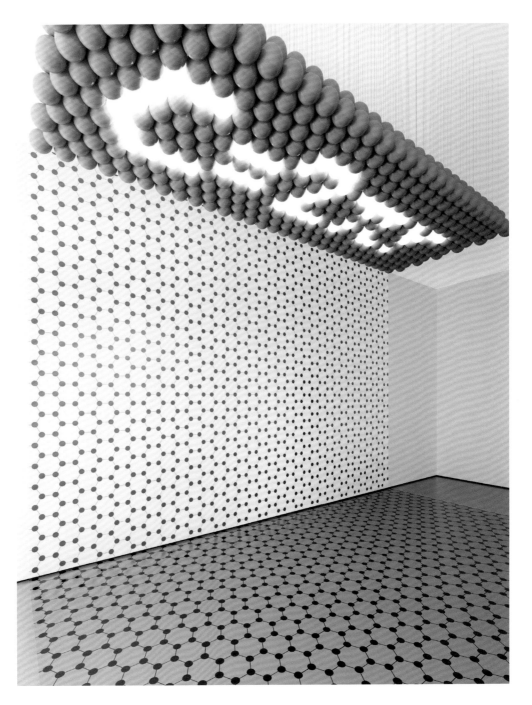

2.5
四维立方体的三维展开

四维立方体是一个超立方体四维表示。我们应用一种模拟的方法，把一个四维立方体在三维空间中加以展开。下图表示了一个超立方体由 8 个立方体、16 个顶点、24 个正方形和 32 条边所构成。

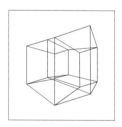
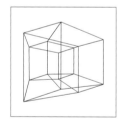

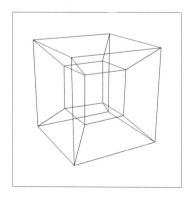

元素空间应用
基础背景

四维立方体作为基础背景
装饰元素，可用于走廊、
贵宾室、休息室等空间。

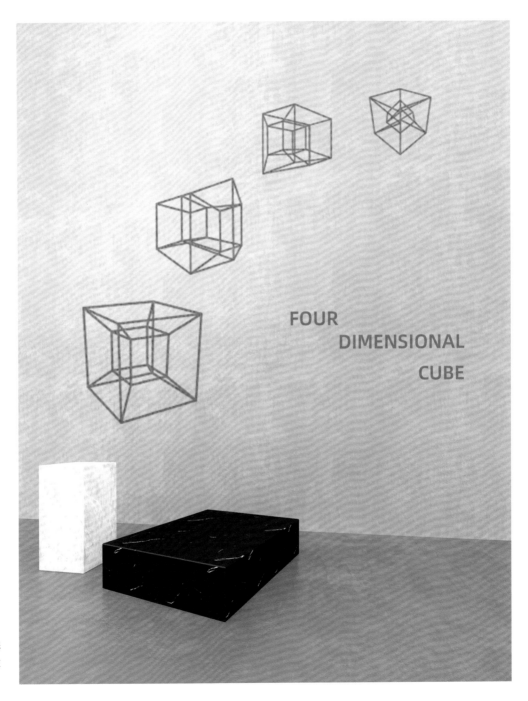

FOUR
DIMENSIONAL
CUBE

不同角度的四维立方体图形
通过艺术壁纸的装饰形式在
墙面上展现

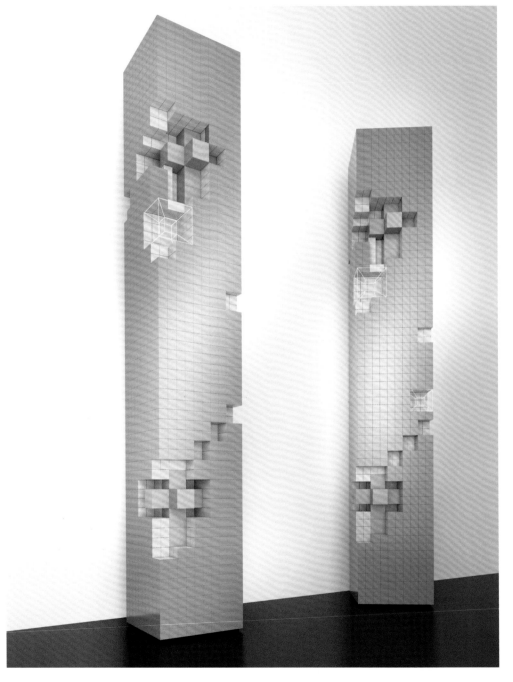

元素空间应用
功能装饰

四维立方体以三维形式展开，结合功能装饰，可应用于大堂、走廊的结构柱体及灯饰。

材质：综合材料
应用位置：柱体
图案方向：不规则
图案类型：综合图案
单体尺寸：定制
工艺说明：定制化造型，金属板烤漆材质，纹理丝网印刷，镂空结构用金属线焊接喷漆制成

通过四维立方体与三维展开形式结合柱体进行设计，兼具功能性与美观性

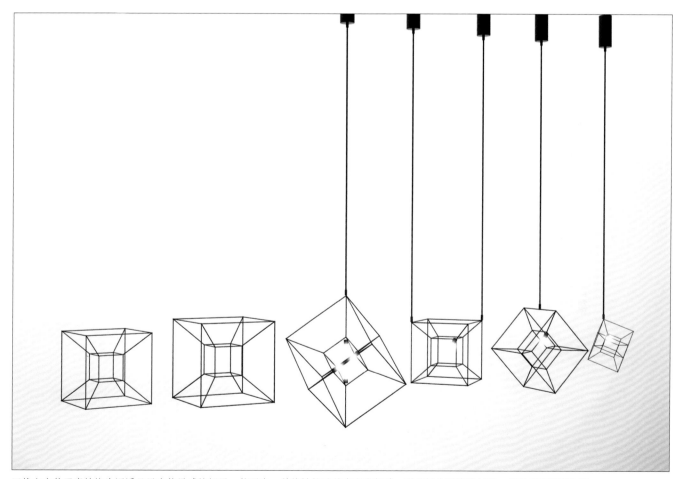

四维立方体元素转换为通透且具有体量感的灯具，体现出一种线性构成的虚实空间感，采用轻金属烤漆材质，美观且有照明功能

2.6
分形图案

分形图案不仅展示了数学之美，也揭示了世界的本质，还改变了人们理解自然奥秘的方式；可以说分形图案是真正描述大自然的几何学，对它的研究也极大地拓展了人类的认知领域。分形图案一般都有自相似性，这就是说如果将分形图案的局部不断放大并进行观察，将发现精细的结构，如果再放大，会再度出现更精细的结构，层层叠叠，延伸出妙不可言的形状。

分形图案的应用范围十分广泛，一些基础图形如三角形、圆形、方形等都可以利用分形图案的特性进行延伸。下图为基础分形图案的延伸。

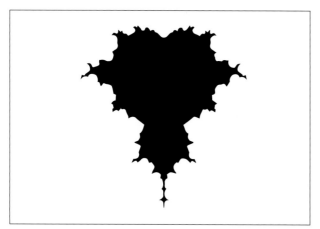

元素空间应用
基础背景

分形图案的相似性特点与设计碰撞，会产生奇妙的视觉效果。分形图案作为基础背景装饰元素，可结合不同材质，应用于大堂、走廊、贵宾室、休息室的墙面及地面。

曼德勃罗集（$Z_{n+1}=Z_n^2+c, Z_0=0, c \in C$）
通过双色地胶的装饰形式在地面展现

由三角形拼接而成的雪花状分形
图案通过双色地胶的装饰形式在
地面展现

六边形雪花状分形图案通过艺术
壁纸的装饰形式在墙面展现

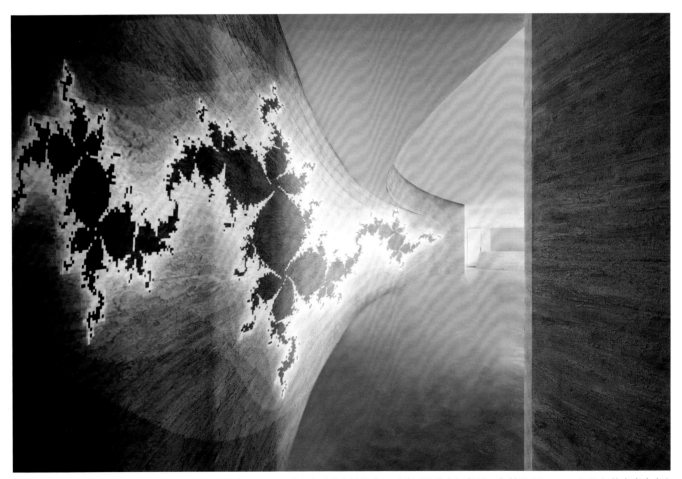

朱利亚集［朱利亚集一般指朱利亚集合，是一个在复平面上形成分形的点的集合，以法国数学家加斯顿·朱利亚（Gaston Julia）的名字命名］采用硅藻泥在墙面的展现，从视觉、触觉等多维度展现建筑装饰的生命力

材质：马赛克瓷砖、皮革

应用位置：墙面

图案方向：六边形

图案类型：拼接图案

单体尺寸：定制

工艺说明：六角形瓷砖铺设在不同角度的表面，倾斜角度5°～10°，图形部分通过不同颜色的变化展现分形图案

通过点、线、面的构成关系组成"六边形的雪花状分形图案"，以马赛克瓷砖材质在墙面上展现

元素空间应用
功能装饰

选择更直观易懂的方形分形图案进行功能装饰，结合吸声棉应用于贵宾室、休息室、会议室的墙面。

方形分形图案通过吸声棉的装饰材质在墙面展现

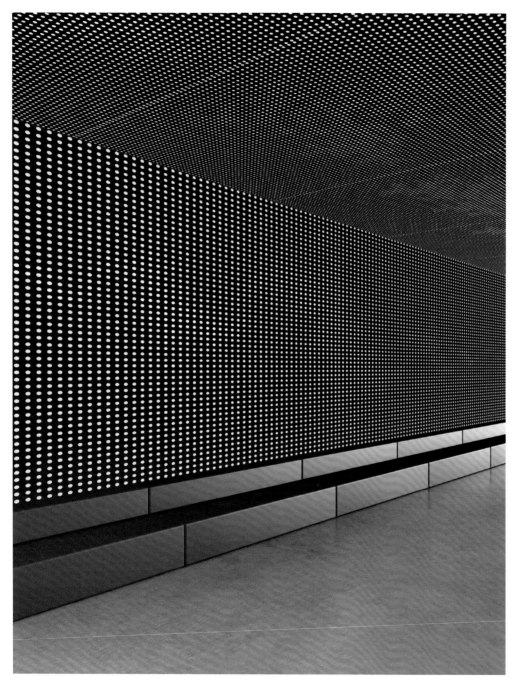

元素空间应用
主题场景

分形图案作为主题场景设计元素，可用于走廊、电梯厅、休息区等空间。

分形图案与智能控制灯光动态结合，应用于天花板及墙面分形图案与灯光的组合设计，将"圆形分形图案、三角形分形图案、朱利亚集"进行动态变化展现，图案由简到繁，体现出光与影的结合

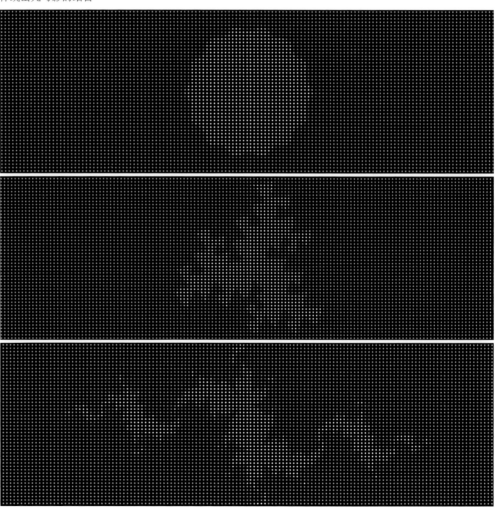

材质：透光混凝土板

规格：常用单块尺寸有
800mm×800mm×25mm、
900mm×600mm×30mm

工艺说明：

1. 光纤孔洞尺寸 2mm，即单块拼接尺寸

2. 光纤形状：圆形、方形、三角形

3. 圆形光纤孔径可定制
ϕ1mm ~ ϕ30mm，圆形光纤有透明和彩色两种

4. 方形光纤孔径可定制
2mm×2mm、3mm×3mm、4mm×4mm、5mm×5mm

5. 三角形光纤不可定制太小孔洞的，最小截面三边长分别为
5mm、5mm、6mm

3

CHAPTER THREE

"数学难题——砖块组"
铺设的美妙图案

3.1
非周期性平铺砖块组

四种非周期性砖块组的特有属性：铺设的图案无论
怎样平移，都不能和原来的重复。

"王氏砖块组"：用 13 种砖块在平面上铺出非周期性图案

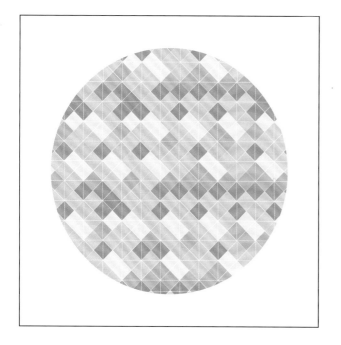

"罗宾逊砖块组"：用 6 种砖块在平面上铺出非周期性图案

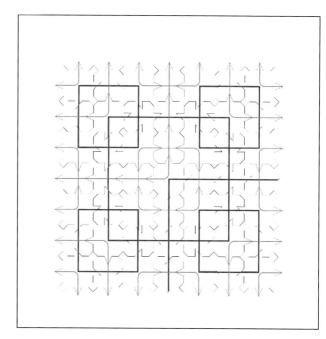

"彭罗斯砖块组"：用 2 种砖块在平面上铺出非周期性图案

"泰勒砖块组"：只用 1 种砖块组成非周期性图案

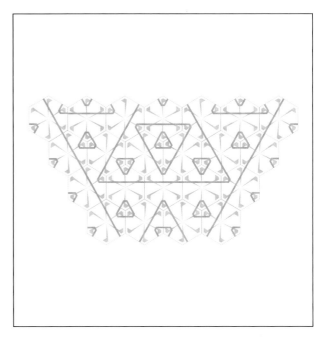

色彩提取

色彩作为最敏感的形式要素，能够引起人们的审美愉悦，是最具表现力的要素之一，在装饰设计中具有营造氛围、调节心情、强化功能等重要作用。通过色相、明度和纯度的变化，可碰撞出不同的图案。在"砖块组"的设计中使用提取自"安东·莫夫"与"莫兰迪"油画作品中明度和纯度偏低的灰色调与莫兰迪色系，并以"王氏砖块组"作为装饰元素中的色彩体系的表现形式，举例如下。

荷兰画家安东·莫夫的作品

灰色系提取拼接展示

意大利画家乔治·莫兰迪的作品

莫兰迪色系提取拼接展示

"王氏砖块组"非周期性平铺

用 13 种砖块在平面上铺出非周期性图案，这 13 种砖块为边上涂有颜色的正方形砖块，摆放砖块时只有相同颜色的边才能挨在一起。

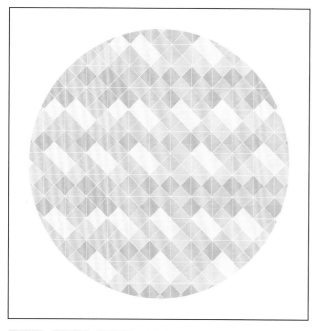

砖块不能旋转、翻个儿

元素空间应用
基础背景

按照"王氏砖块组"的特定拼接方式，结合不同材质，可应用于大堂、走廊、贵宾室、休息室、餐厅、卫生间等空间的墙面及地面。

材质：石膏、金属板烤漆、密度板烤漆
应用位置：墙面
图案方向：横向、纵向
图案类型：拼接图案
单体尺寸：300mm×300mm、600mm×600mm，有特殊尺度空间需求的可定制尺寸
工艺说明：造型定制，无缝拼接处理，壁挂或粘贴工艺现场安装

王氏砖块组通过立体烤漆板装饰形式在墙面展现。它打破了常规平面化应用，增强了空间的视觉冲击力

王氏砖块组通过定制地毯在地面上展现

王氏砖块组通过定制地砖在地面上展现

材质：石材、瓷砖

应用位置：墙面、地面

图案方向：横向、纵向

图案类型：拼接图案

单体尺寸：300mm×300mm、600mm×600mm

工艺说明：定制 13 块不同肌理图案的瓷砖，根据图案进行拼接，施工工艺参照石材及瓷砖铺装工艺

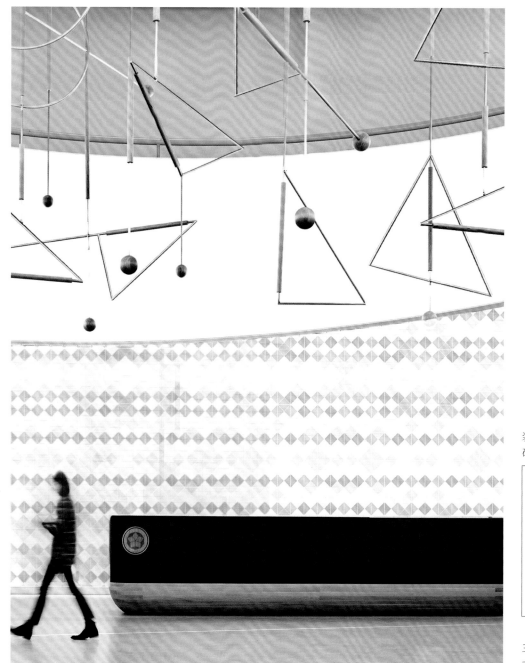

装饰徽标（见第 90 页"彭罗斯砖块组"）

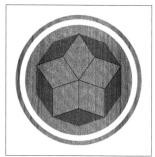

王氏砖块组通过立体瓷砖装饰形式在墙面展现

元素空间应用
主题场景

结合王氏砖块组的特点，在主题场景的设计中，尝试加入多种视觉元素以增加互动体验性。可用于大堂、走廊、等候区、互动区等空间。

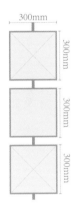

材质：石膏、金属板烤漆、密度板烤漆
应用位置：墙面
图案方向：横向、纵向
图案类型：拼接图案
单体尺寸：300mm×300mm
工艺说明：金属结构框架，木制画面板块定制，可围绕中心轴旋转

双面互动展示墙主题场景的设计：正面体现王氏砖块组的拼接图案，人们可在特定区域翻转砖块，翻转的另一面可以展示科普知识及其他科学符号，强调互动性与展示性

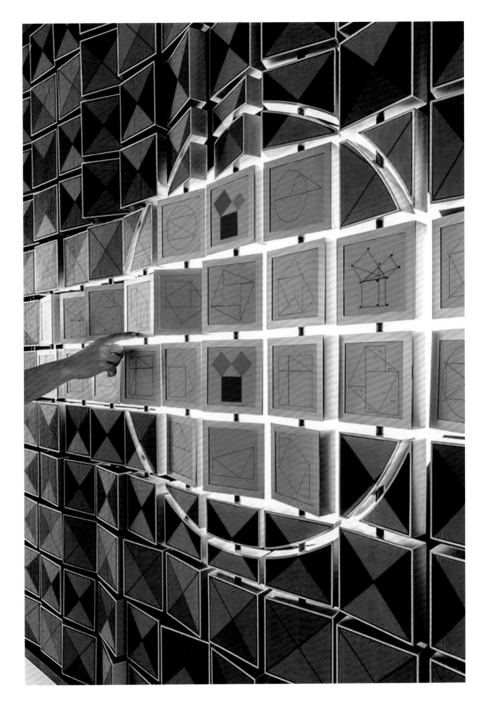

"罗宾逊砖块组"非周期性平铺

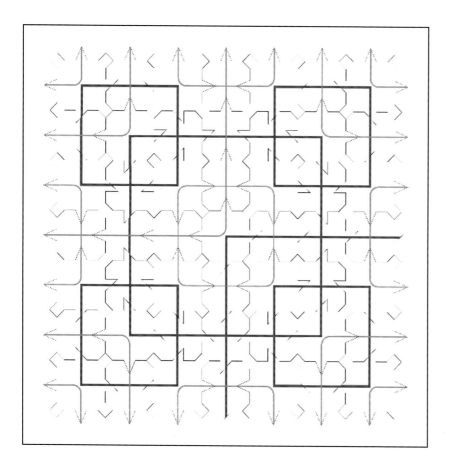

"罗宾逊砖块组"的6种砖块有三个规律：一个是中间对称，一个是斜线对称，一个旋转一定角度能重叠。除了边上有匹配规则以外，角上也有相应的规则。左图就是罗宾逊砖块组，其中边上和角上的匹配规则都巧妙地用拼图的形式表示了出来。如果用它铺设平面，能铺成越来越大的正方形，呈现不断延伸的视觉效果。如果利用它旋转一定角度能重叠的特性，并在砖块中加上两种颜色的线条，还会出现圆形、方形、三角形三种绘画图形元素。

元素空间应用
基础背景

针对"罗宾逊砖块组"具备极强的结构感和线条感的特点，在对其进行转化应用时，突出这种特质。可将其作为基础背景装饰元素，结合不同材质，应用于大堂、走廊、贵宾室、休息室、卫生间的墙面及地面。

按照罗宾逊砖块组的拼接规律，通过定制夹丝玻璃装饰玻璃隔断

罗宾逊砖块组通过定制大理石在地面上展现

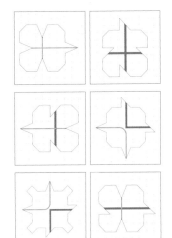

材质：石材、瓷砖
应用位置：墙面、地面
图案方向：横向、纵向
图案类型：拼接图案
单体尺寸：300mm×300mm、
600mm×600mm

罗宾逊砖块组通过定制地砖在地
面上展现

"彭罗斯砖块组" 非周期性平铺

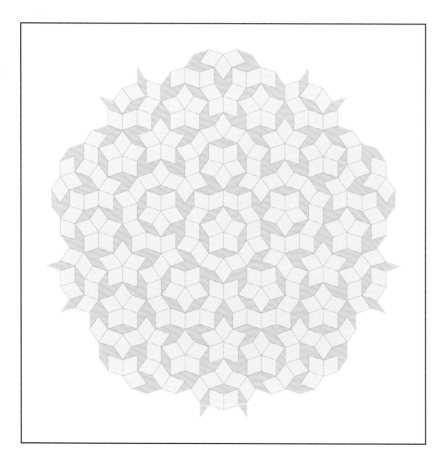

"彭罗斯砖块组"指用 2 种砖块在平面上铺出非周期性图案，它们分别是 36° 菱形和 72° 菱形，其中边界上的匹配规则用拼图的形式实现。这 2 种砖块的铺设是一套完美的拼图作品，它的艺术特点是图形的立体效果。

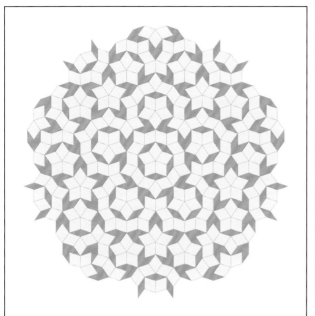
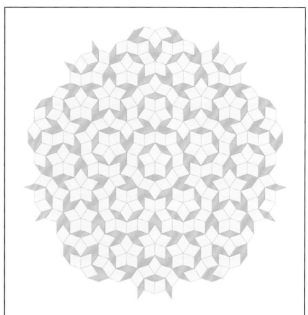
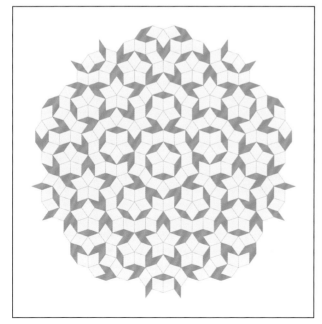
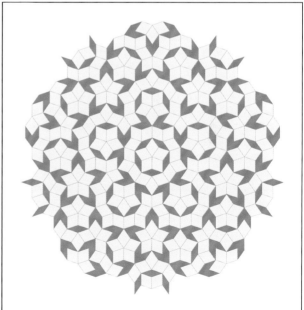

元素空间应用
基础背景

"彭罗斯砖块组"由两种图形构成，在铺装时，整体图形的重复率会更高，作为基础背景可应用于贵宾室、休息室的墙面及地面。

彭罗斯砖块组通过定制羊毛地毯在地面上展现，亦可将其独立为软装挂饰，与空间交相呼应

彭罗斯砖块组通过定制地毯在地
面上展现

"泰勒砖块组"非周期性平铺

"泰勒砖块组"是用一种六边形砖块组成的非周期性图案。在摆放的时候，我们可以任意旋转或者翻转砖块，但有两点限制：第一，黑色的线条必须连在一起（这也就相当于是边界匹配规则）；第二，一条边两端的紫色小旗必须朝向相同的方向，而且两个小旗来自于两个不相邻的砖块。

用这种六边形砖块是能够平铺整个平面的，且方案是唯一的。拼接的限制很巧妙地迫使黑色线条构成规模越来越大的三角形，从而使得整个图形不具有周期性。

神奇的"泰勒砖块组"提供了多种绘画元素。如果利用不同颜色、不同的色彩强度的组合，将会获得神奇的视觉效果。

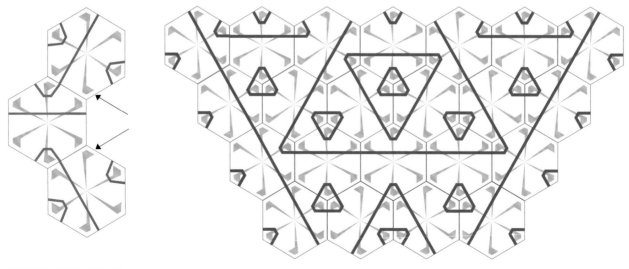

泰勒砖块组非周期性平铺

元素空间应用
基础背景

"泰勒砖块组"图案是由一种六边形，通过方向的变化，组合成的不规则图案。其整体的形式感较强，适合作为基础背景大面积铺设。本设计可用于贵宾室、休息室、餐厅等空间。

泰勒砖块组通过定制装饰面板在天花板上的装饰展现

3.2
不规则五边形周期性平铺

美国数学家发现，可以利用同一种不规则五边形的不重叠摆放来实现周期性密铺，而且可以实现大面积重复。不规则五边形铺设的周期性图案有着独特的艺术魅力。它用三个不同颜色的不规则五边形组成一个单元，具体形状如下。

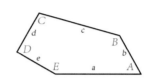

$\angle A = 60°$ $a = 1$

$\angle B = 135°$ $b = 1/2$

$\angle C = 105°$ $c = \dfrac{1}{\sqrt{2}(\sqrt{3}-1)}$

$\angle D = 90°$ $d = 1/2$

$\angle E = 150°$ $e = 1/2$

通常建筑装饰中的周期性平面铺设只能用正三角形、正方形、正六边形，数学家们一直在尝试用不规则五边形来完成周期性平铺。

以下为另外 14 种不规则五边形的平铺推导方法。

元素空间应用
基础背景

不规则五边形作为基础背景装饰元素应用时，通过材质、拼接方式的差异，能够给人耳目一新之感，可用于大堂、走廊、餐厅、卫生间等空间。

定制地砖地面铺装展现

墙面装饰板局部镂空突变

定制地板，局部融入突变材质

元素空间应用
功能装饰

不规则五边形在功能装饰的设计上，可以结合灯光，使背景具有一定的照明与指引功能。本设计可用于走廊、等候区、休息区等空间。

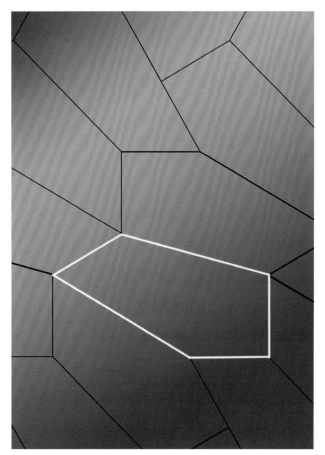

墙面装饰金属板内嵌灯条

墙面装饰烤漆板内嵌灯条

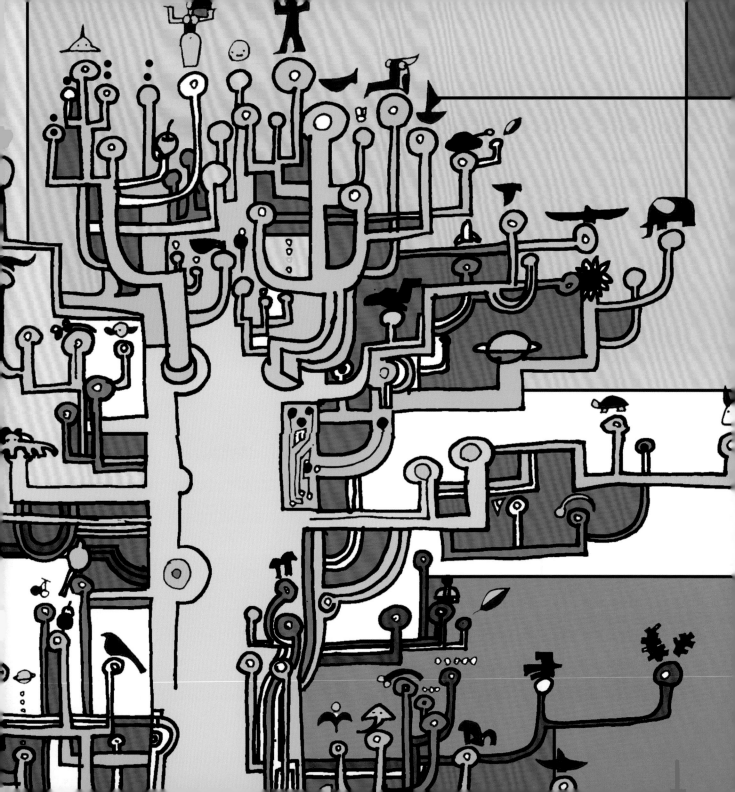

4

CHAPTER FOUR

"数学函数"
勾勒的美丽曲线

4.1
黄金螺线

自然底数 e 不但在数学上具有很多奇妙的性质，而且也在很多动植物生长和活动的规律中起着基础性的支配作用。

极坐标方程 $\rho = ae^{k\theta}$ 对应的曲线，被称为对数螺线，也称等角螺线、黄金螺线或生长螺线。

对数螺线之所以被称为黄金螺线、生长螺线，是因为自然界中大量动植物的生长发育规律都与这条曲线吻合。鹦鹉螺是比恐龙还要"年长"近3亿岁的"活化石"，它的外壳曲线是完美的黄金螺线。

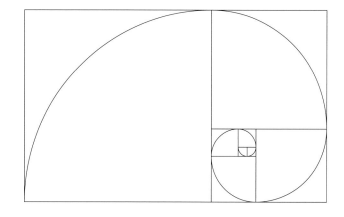

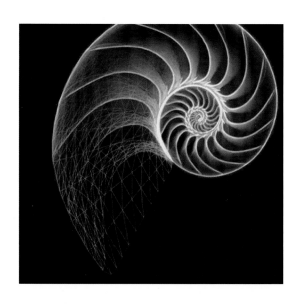

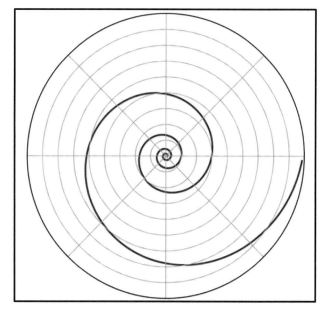

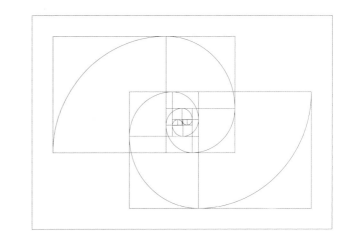

通过对黄金螺线基础图形的深化，叠加演变出更多延展图形，如图所示。

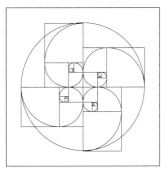 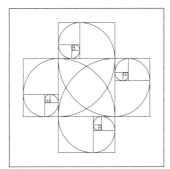 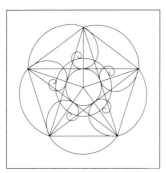 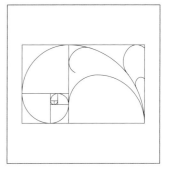

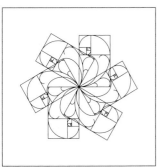   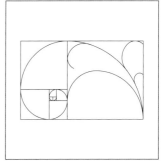

几种延展图形的连续图案设计，如下图所示。

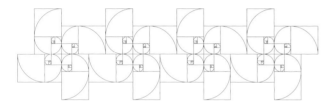

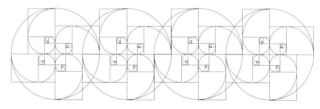

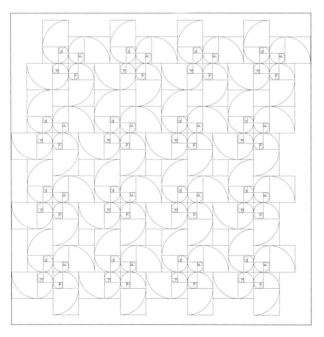

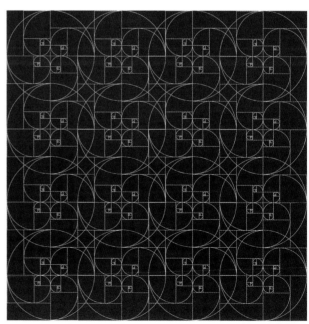

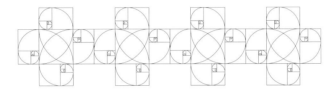

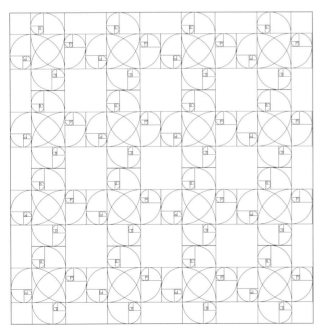

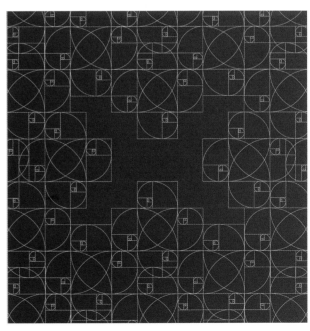

元素空间应用
基础背景

选择黄金螺线的延展图案作为基础背景装饰元素，结合不同材质，可应用于大堂、走廊、贵宾室、休息室等空间墙面。

黄金螺线延展图案通过水泥艺术漆装饰于墙面

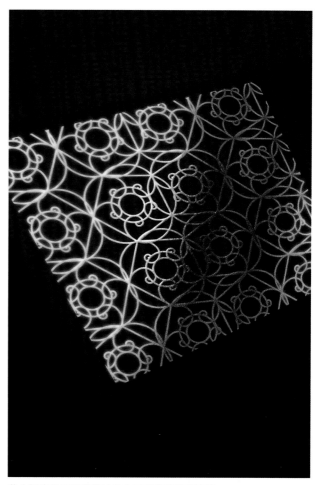

黄金螺线延展图案通过烫金工艺应用于装饰板

黄金螺线延展图案通过硅藻泥在
墙面上展现

元素空间应用
主题场景

黄金螺线的基础图形可通过物理视觉装饰展现，也可结合智能灯光控制系统作为主题场景，应用于大堂地面。

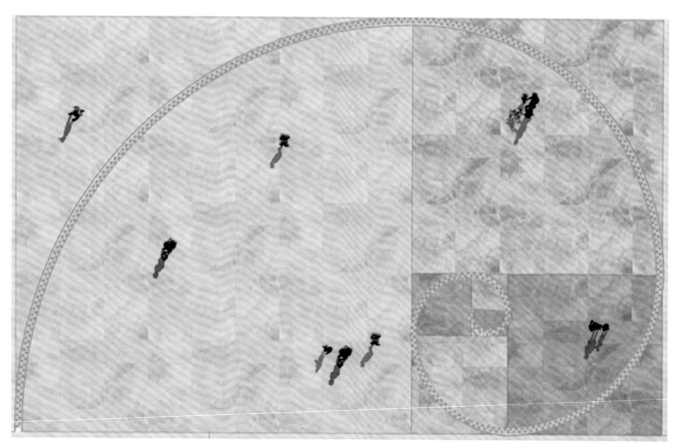

黄金螺线的基础图形以大理石马赛克拼接曲线的形式铺装于地面

黄金螺线基础图形通过智能灯光展现，随着人的行走而逐渐亮起

4.2
笛卡尔方程

科学史上著名的、带有艺术色彩的函数图案：笛卡尔心形线，因其形状像心形而得名。

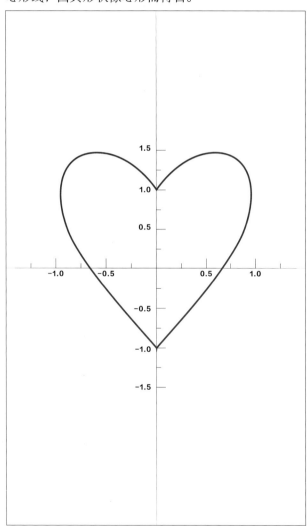

通过对笛卡尔心形线的重复、叠加、填色，设计出一系列心形线延伸图案，我们选取其中两种图形做连续图案展示，具体如下。

元素空间应用
基础背景

以笛卡尔方程为基础的背景装饰元素，可以给空间带来无穷的生命力。其结合不同材质可应用于大堂、走廊、电梯厅、休息室的墙面或地面。

白色艺术漆装饰展现

双色硅藻泥装饰展现

纺织布艺装饰展现

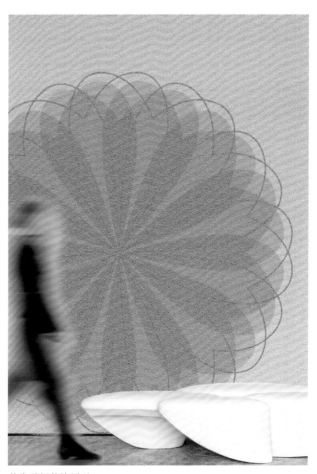

艺术壁纸装饰展现

笛卡尔方程图案通过定制地毯在地面上展现

笛卡尔方程图案不规则排列于玻璃护栏

笛卡尔方程图案从小到大、从简入繁的叠加、延伸，规则排列于玻璃护栏

元素空间应用
功能装饰

笛卡尔心形线从视觉符号上来看是坐标系与对称图形的结合，可作为功能装饰，结合不同材质可应用于贵宾室、休息室的大门。

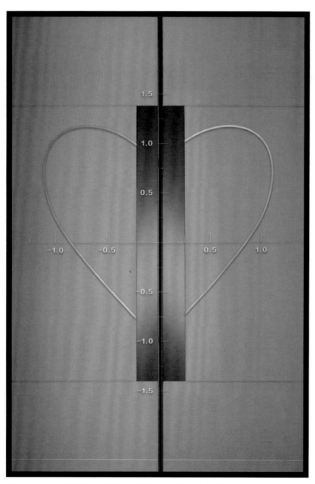

笛卡尔方程图案定制皮革硬包饰面，铜制把手雕刻

笛卡尔方程图案定制造型实木复合门

笛卡尔方程图案定制造型铜制门

4.3
玫瑰线方程

著名数学函数图案玫瑰线不仅具有艺术美感，还是中世纪航海指引方向的线。在中世纪的航海地图上，没有经纬线，只有一些从中心有序地向外辐射的互相交叉的直线方向线。此线也称罗盘线，希腊神话里的各路风神被精心描绘在这些线上，作为方向的记号。

葡萄牙水手则称他们的罗盘盘面为"风的玫瑰"。水手们根据太阳的位置估计风向，再与"风玫瑰"对比找出航向。

通过改变玫瑰线方程的变量，获得长短、宽窄及数量不同的玫瑰线花瓣，以下呈现的是不同形态、颜色的玫瑰线延伸图案与延伸图案组成的连续图案。

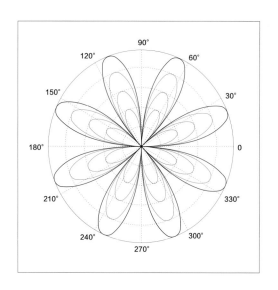

以下呈现为不同形态、颜色的玫瑰线延伸图形与延伸图形组成的连续图案。

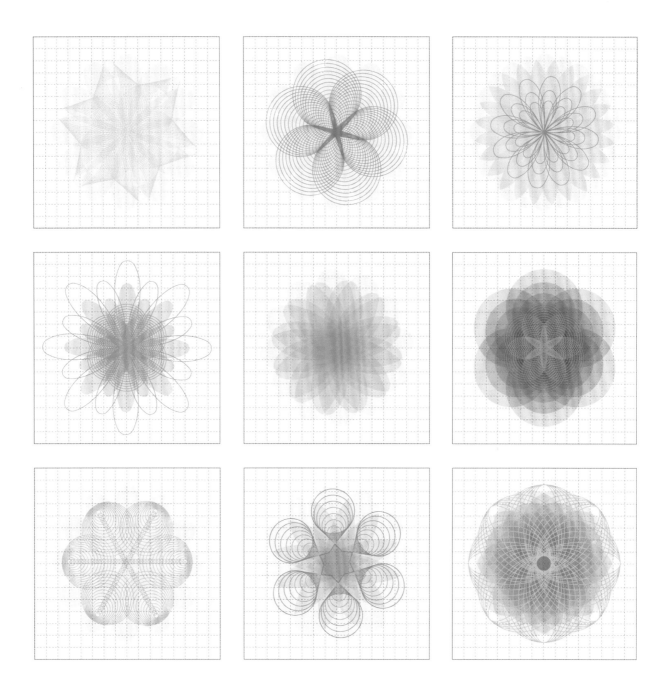

元素空间应用
基础背景

将严谨、理性的玫瑰线方程转变为艺术、感性的玫瑰线延伸图案，通过对其形态、色彩、花纹及层次的装饰设计，作为基础背景，结合不同材质应用于大堂、走廊、贵宾室、休息室、餐厅等空间的墙面及地面。

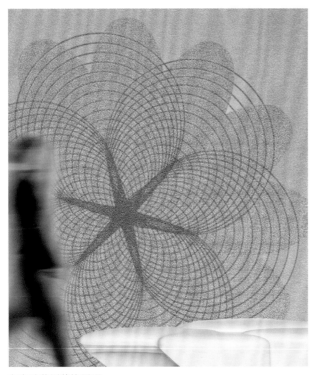

灰白硅藻泥装饰展现

艺术壁布装饰展现

实木雕刻装饰展现

饰面板 UV 印刷装饰展现

墙面金属板雕刻装饰展现

艺术玻璃装饰展现

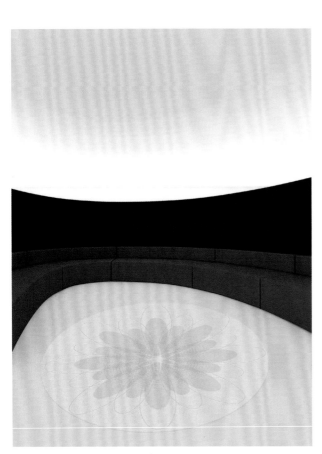

玫瑰线方程图案通过定制地毯在地面上展现

玫瑰线方程图案通过定制地毯与休息桌椅的结合展现

元素空间应用
功能装饰

玫瑰线图形作为功能装饰元素，结合不同材质应用于大堂、走廊、贵宾室、休息室等空间的大门、天花板及墙面。

实木造型烤漆门

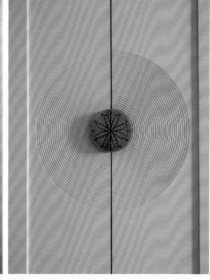

定制皮革硬包饰面，玫瑰线铜质把手雕刻

双面铜质肌理造型门

玫瑰线图形结合灯带，应用于天
花板造型

玫瑰线图案定制金属艺术壁灯：取玫瑰线"航行"指引之意，结合灯光，寓意科学与艺术道路上的指路明灯

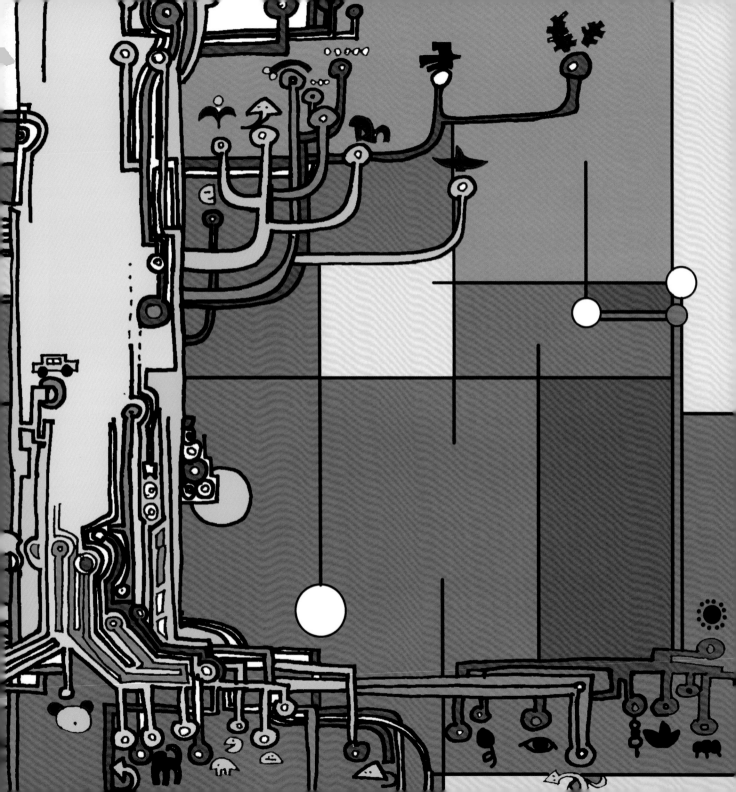

5

"科学界最著名公式"
排列的艺术

科学界最著名的公式

英国科学期刊《物理世界》选出了科学界历来"最伟大的公式",它们分别是:麦克斯韦方程组、欧拉公式、质能方程、牛顿第二运动定律、勾股定理、薛定谔方程、最基本的数学公式 1+1=2、德布罗意物质波方程式、傅立叶变换以及圆周公式:$C=2\pi r$。

麦克斯韦方程组

麦克斯韦方程组:麦克斯韦方程组揭示了电场与磁场相互转化中各物理量之间的关系,这种关系以现代数学形式进行表达。

$$\oint_l H \cdot dl = \int_s J \cdot ds + \int_s \frac{\partial D}{\partial t} \cdot ds$$

$$\oint_l E \cdot dl = -\int_s \frac{\partial B}{\partial t} \cdot ds$$

$$\oint_s B \cdot ds = 0$$

$$\oint_s D \cdot ds = \int_v \rho \cdot dv$$

欧拉公式: $e^{\pi i}+1=0$

欧拉公式是数学里最令人着迷的公式,它将 5 个微妙且看似无关的数学符号 e、i、π、0、1 联系在一起,其美妙之处让人称绝,数学家们评价它是"上帝创造的公式"。

质能方程: $E=mc^2$

质能方程由爱因斯坦提出,描述质量与能量之间的当量关系。E 表示能量,m 代表质量,而 c 则表示光速。该方程主要用来解释核变反应中的质量亏损和计算高能物理中粒子的能量。

牛顿第二运动定律: $F=ma$

牛顿第二运动定律的常见表述是:物体加速度的大小跟作用力成正比,跟物体的质量成反比,且与物体质量的倒数成正比;加速度的方向跟作用力的方向相同。该定律是由艾萨克·牛顿在 1687 年于《自然哲学的数学原理》一书中提出的。牛顿第二运动定律和第一、第三运动定律共同组成了牛顿运动定律,阐述了经典力学中基本的运动规律。

1+1=2

1+1=2 是初等数学范围内的数值计算等式。

数学上，还有另一个非常有名的"（1+1）"，它就是著名的哥德巴赫猜想。

德国数学家哥德巴赫偶然发现，每个不小于 6 的偶数都是两个奇素数之和。例如 3+3=6、11+13=24。

德布罗意方程

德布罗意提出了光的崭新理论：光具有二重性，光既是"粒子"又是"波"，还有"波长"。按照德布罗意的设想，所有物质波的波长和动量成反比，频率和总能成正比。

德布罗意方程组以质能方程和普朗克方程为基础，进行替换和变形，得到下列表现形式：

$$P=\hbar K=h/\lambda \qquad E=\hbar\omega=hv$$

其中 P= 动量，E= 总能，h= 普朗克常数，λ = 波长，v= 频率。

圆周公式： $C=2\pi r$

圆周长是指绕圆一周的长度。在古代，人们在经验中发现圆的周长与直径有着一个常数的比，并把这个常数叫作圆周率（西方记做 π）。于是自然的，圆周长就是 $C=\pi d$ 或者 $C=2\pi r$。

元素空间应用
基础背景

选择科学领域中的几个著名公式进行艺术设计，作为基础背景装饰元素，结合不同材质，应用于大堂、走廊等空间及楼梯等特殊位置。

著名公式以金属雕刻字阵列的形式悬挂于顶部空间

著名公式在楼梯踏步上的展现

单个著名公式通过艺术水泥漆在墙面展现

单个著名公式在生态木装饰墙面上的展现

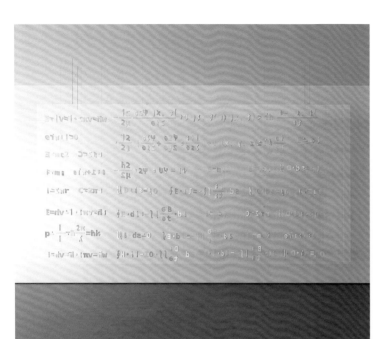

元素空间应用
功能装饰

著名公式结合功能装饰可作为隔断、灯饰，应用于大堂、走廊、贵宾室、休息室、餐厅等空间。

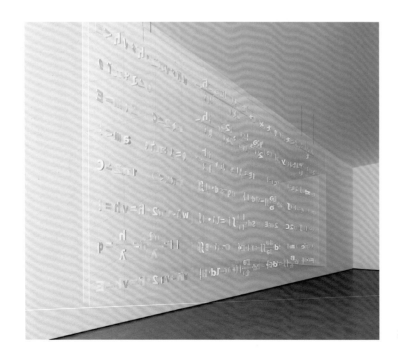

著名公式通过定制金属雕刻字夹层玻璃作为隔断装饰

著名公式通过定制软膜图案应用于天花吊顶

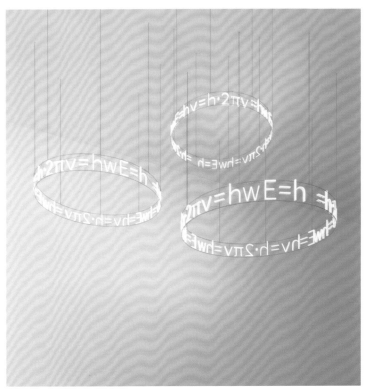

著名公式通过艺术装置灯应用于顶部空间

元素空间应用
主题场景

科学界著名公式作为主题场景设计元素时，可用于大堂、走廊等空间。

材质：烤漆玻璃、透光水泥板
应用位置：墙面、顶面
图案方向：横向、纵向
图案类型：拼接图案
单体尺寸：定制
工艺说明：背光烤漆玻璃定制，LED 灯光

著名公式通过定制背光烤漆玻璃，应用于空间墙面，内置智能灯光进行亮度转换，增添主题性与趣味性

著名公式通过光影照射的形式展现于墙面之上

6

"傅立叶变换"
生成的美丽山水画

傅立叶变换

傅立叶变换是解决物理问题的核心数学工具。无论是光波、声波还是电磁波、信号波等任何复杂的波形，都可以通过傅立叶变换拆分成一系列的正弦波，它还可以把这些拆分的正弦波重新组合成不同的波形曲线。傅立叶变换在计算机应用、统计学、声学、海洋学、结构动力学等领域都有着广泛的应用。

"上帝有一堆标准的正弦函数，他任意地挑其中的一些出来，能组成宇宙万物。这些正弦函数从最开始就没有变过，我们看到的变化都是组合的变化。"

——傅立叶

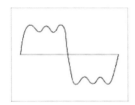 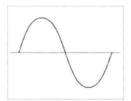  

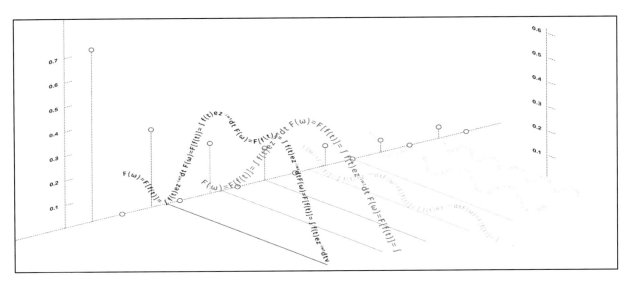

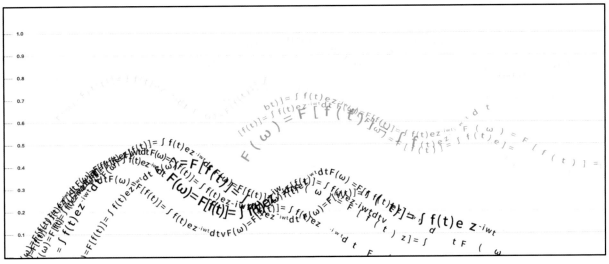

元素空间应用
基础背景

傅立叶变换在设计中，作为基础背景装饰元素，应用于大堂、走廊、餐厅等空间。将看似无规律的曲线排列成多个有节奏的曲线，形成动感的画面；反之，也可将多个有规律的曲线组合在一起，形成不断变化的画面，让观者感觉到变幻的场景。

傅立叶变换曲线通过钢板塑造的装饰形式在墙面展现，增强空间的线条感与延伸感

材质：钢化玻璃

应用位置：墙面

图案方向：横向

图案类型：单体图案

单体尺寸：定制

工艺说明：5～12mm 厚钢化玻璃，玻璃背面 UV 印制画面

将傅立叶变换曲线相关的公式、字母、坐标轴融于中国传统山水背景画面，实现科学、艺术及中国文化的完美结合

将由坐标轴和多个不同正弦波组成的视觉立体灯箱画面应用于背景墙

元素空间应用
功能装饰

作为功能装饰,结合灯光,展现不同的傅立叶变换曲线形态,可将其应用于大堂、走廊、休息室、餐厅等空间的天花板或墙面。

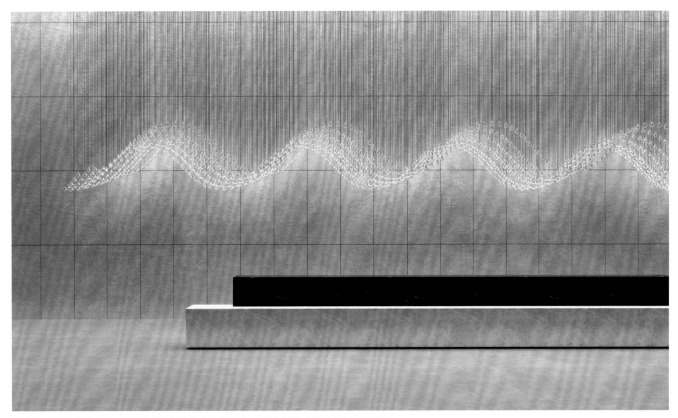

将傅立叶变换曲线融于天花板悬挂的动感曲线吊灯中,形成矩阵式组合的排列效果

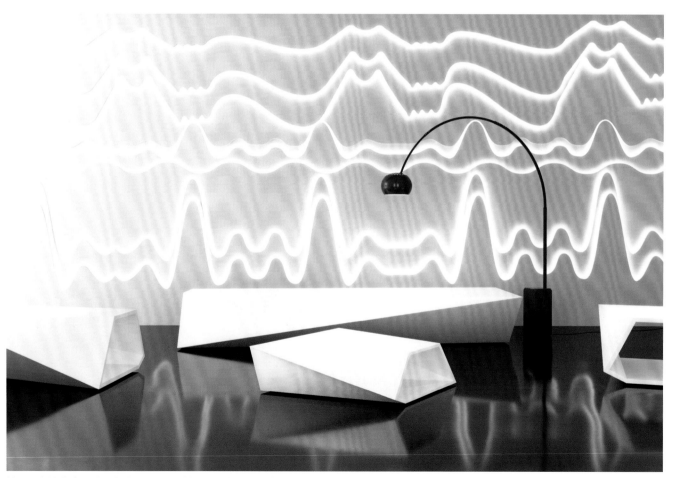

傅立叶变换曲线通过石膏造型，内附柔性灯带的装饰形式在墙面展现，增强了空间的氛围感与照明功能

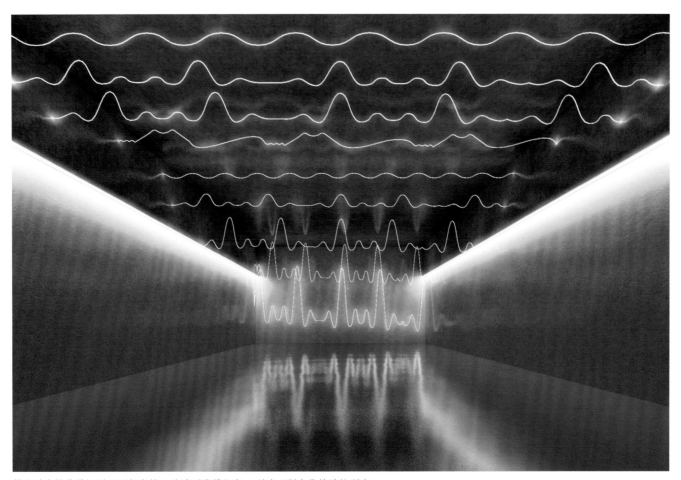

傅立叶变换曲线通过不同频率的正弦波形曲线灯条，形成不断变化的波纹形态

元素空间应用
主题场景

在主题场景的应用中，傅立叶变换突出其元素属性，形成姿态万千的抽象图案，可将其应用于大堂、走廊、餐厅、休息区、等候区等空间。

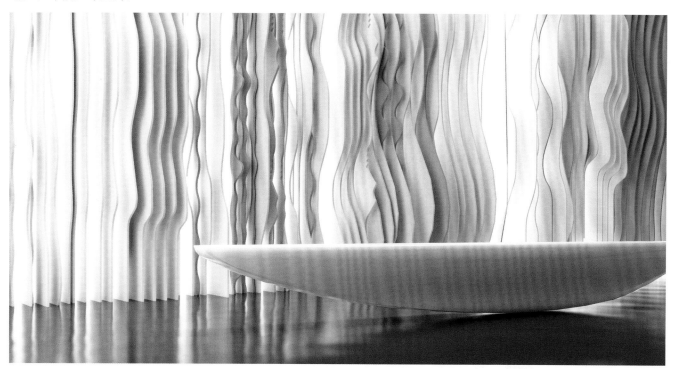

将傅立叶变换结合苏轼"横看成岭侧成峰，远近高低各不同"的诗中意境，体现文化之美

材质：金属板、亚克力
应用位置：墙面
图案方向：横向
图案类型：定制
单体尺寸：定制
工艺说明：金属板切割，横向倾斜 51° 排列，表面烤漆工艺

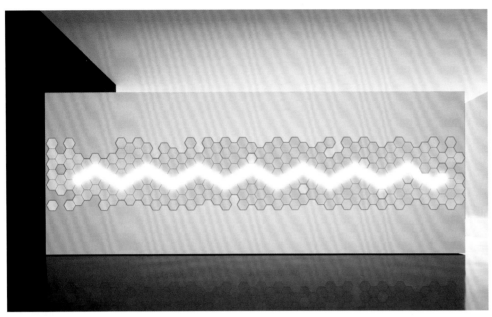

互动灯光场景设计：人与灯光感应互动形成傅立叶变换曲线、几何图像、公式符号等多种视觉图案

材质：树脂、亚克力、LED
应用位置：墙面
图案方向：横向
图案类型：单体图案
单体尺寸：定制
工艺说明：六边形单体LED发光
灯片，面层采用树脂、亚克力材质
定制成蜂窝状肌理图案。智能灯光
系统与人体发生互动感应，呈现不
同灯光形状抽象图案

7

CHAPTER SEVEN

"光学现象"
展示的斑斓世界

7.1
光的色散原理

光的色散原理指复色光进入色散元件（三棱镜或光栅）
后，将复色分解成不同波长的单色光，且构成连续的
可见光光谱。

用透明材料制作的三棱镜，利用光的色散原理将太阳
光分解成多彩七色光谱。将三棱镜巧妙融于建筑装饰
中，让设计五彩斑斓。

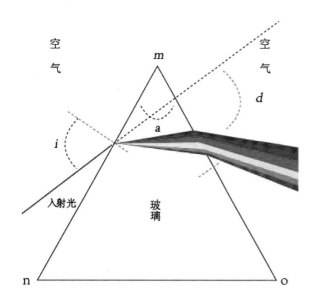

三棱镜分光原理展示

元素空间应用
基础背景

将光的色散原理通过物理手段展示，并将其作为基础背景，结合不同材质，应用于大堂、走廊、餐厅、卫生间等空间的墙面及地面。

光的色散原理通过玻璃贴的装饰形式在墙面展现

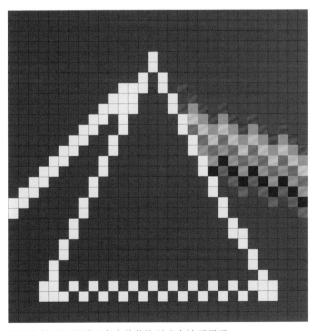

光的色散原理通过马赛克的装饰形式在墙面展现

元素空间应用
主题场景

通过光学计算，在合适位置安装色散元件，能将美丽的七色光谱线投射到指定区域。该设计适用于大堂、走廊、餐厅等阳光充足的空间。

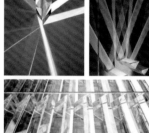

材质：三棱镜
应用位置：墙面
单体尺寸：定制
工艺说明：层板由 12mm 夹胶玻璃定制，层叠光学三棱镜无影胶粘贴固定

光的色散原理通过规律排布的三棱镜构建成的玻璃幕墙呈现，阳光照射时，于地面、墙面等处投射出七彩的光泽。随着时间、天气的变化与更替，产生动态的、流动性的色彩及光线的变化

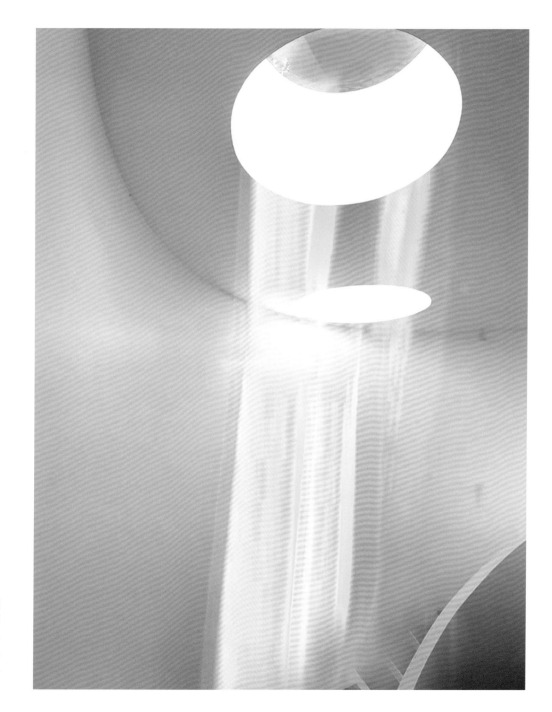

光学色散原理通过光栅与玻璃天窗的叠加进行展现，不同的安装角度与形状的变化，通过阳光的照射，能够产生动态的、丰富的效果，给人更多的想象空间与感受

7.2
光的折射与反射

光从一种介质照射到另一种介质时，在两种介质的分界面会发生光的偏折和返回到原介质的现象，这就是光的折射和反射。折射或反射程度取决于光照射角度和两种介质的特性。例如，光照射到水面、玻璃时，部分光线会反射回去，部分光线会进入水或玻璃中；而光照射镜面时，光线则都被反射。

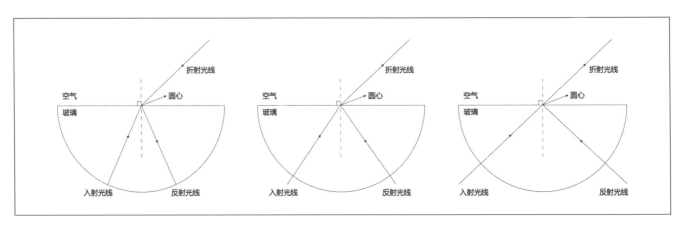

元素空间应用
功能装饰

光的折射与反射现象，通过巧妙的设计，结合不同的材质，作为功能装饰，可应用于大堂、走廊、餐厅等空间。

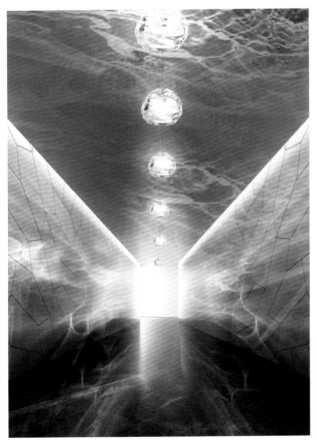

光的折射与反射通过异型玻璃，结合灯光，产生动态光影效果

元素空间应用
主题场景

利用光的折射与反射原理及现象，强化主题场景中的氛围感与互动性，可应用于休息区、互动区等空间。

将反射原理通过悬挂的装置体与镜面的组合，应用于静态装置中，实现不断反射的动态效果

效果示意：白色乳胶漆饰面 + 显示屏

效果示意：弱反射镜面 + 显示屏

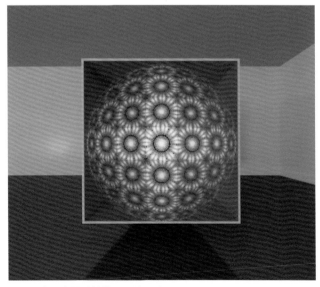

效果示意：中强反射镜面 + 显示屏

效果示意：高强反射镜面 + 显示屏

反射原理以动态屏幕与镜面组合而成的互动装置展现，通过改变装置尺度，呈现出不同的动态球形画面

材质：数字显示屏、银镜

单体尺寸：定制

工艺说明：底部为 LED 液晶显示屏，四周梯形镜面以角度进行拼接，可根据不同的空间尺度与效果需求进行定制

平面示意图

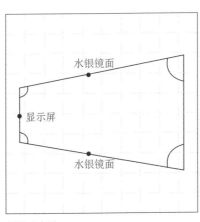

侧视示意图

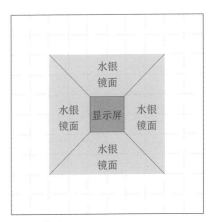

立面示意图

7.3
光的直线传播——小孔成像

光在同种均匀介质中沿着直线传播。小孔成像现象说明了光沿直线传播的性质。用一个带有小孔的板遮挡在墙体与物之间，墙体上就会形成物的倒影，这样的现象叫小孔成像。前后移动中间的板，墙体上像的大小也会随之发生变化。

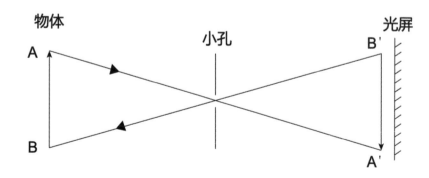

元素空间应用
功能装饰

小孔成像原理通过巧妙设计，作为功能装饰适用于亮度较低的空间。

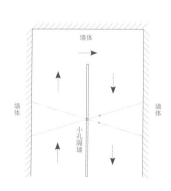

小孔成像原理应用于特殊走廊空间时，可通过发光指示标与小孔隔板的结合，形成倒像指示标

7.4
光的干涉与衍射

光具有波粒二象性。光的波动特性主要从光的干涉和衍射上反映；光的粒子性主要通过光电效应得出，爱因斯坦因为发现了光电效应而获得诺贝尔奖。

光的干涉

光的干涉是光的波动性独有的特征。1801 年，英国物理学家托马斯·杨在实验室里成功地观察到光的干涉现象。实验发现两列或几列光波在空间相遇且叠加时，在某些区域加强，在某些区域削弱，符合物质波动原理。因为任何波都有其波形，呈现周期运动，都有波峰和波谷。如果多列相位差恒定的光波相遇，有些区域波峰叠加，有些区域波峰和波谷重叠，这样就出现了光的明暗条纹。

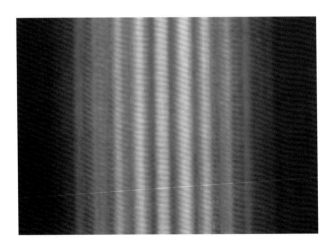

光的衍射

光的衍射是指光在传播过程中遇到障碍物或小孔时，会偏离原来的传播途径，绕到障碍物后面的现象。

这是因为当光通过很小尺寸的孔时，会打在边缘，而边缘的每一点成为新的光源，向各个方向发射，这些新的光波碰到一起会发生干涉，光线通过小孔后出来就不是直线传播了，而是出现了衍射条纹。

泊松光斑是典型的光的衍射现象。用单色光照射特定尺寸的小圆板，圆板后的光屏上会出现环状的互为同心圆的衍射条纹，并且在所有同心圆的圆心处会出现一个极小的亮斑，这个亮斑就被称为"泊松光斑"。

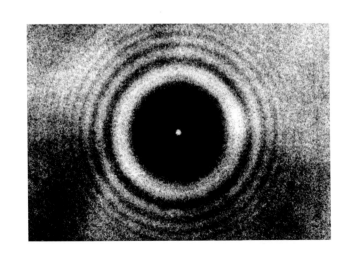

元素空间应用
基础背景

将光的干涉与衍射现象作为基础背景，结合透光玻璃，可应用于大堂、走廊、楼梯、贵宾室、休息室、餐厅等的玻璃隔断和门窗上。

光的干涉与衍射通过夹丝玻璃应用于装饰隔断

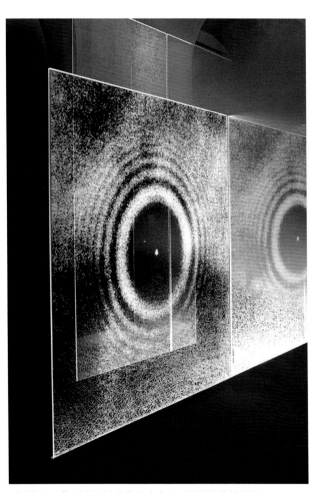

"泊松光斑"现象通过艺术玻璃应用于隔断的装饰展现

"泊松光斑"现象通过定制的玻璃砖应用于隔断的装饰展现

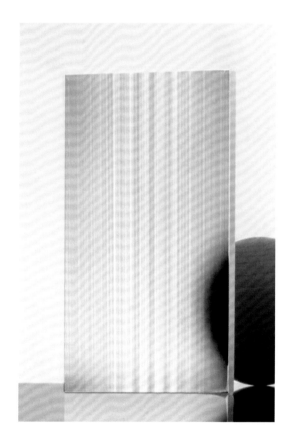

材质：艺术玻璃

应用位置：单体图案

单体尺寸：玻璃常规尺寸，特殊需求定制

工艺说明：可通过平板玻璃的抛光和化学雕刻，以特殊和多样的效果展现光的干涉与衍射，亦可通过 UV 印刷和夹丝工艺形成不同的肌理图案

8

CHAPTER EIGHT

"电磁学"
修饰的线条美感

8.1
磁力线与电场线

磁力线是为了形象研究磁场性质而假想的曲线，磁力线为互不交叉的闭合曲线，从磁铁外部 N 极出发进入 S 极，在磁铁内部曲线从 S 极出发进入 N 极。

电场线是为了形象描述电场分布而引入的假想曲线。电场线不是闭合曲线，起始于正电荷，终止于负电荷。曲线密集的地方电场强，稀疏的地方电场弱。电场线在空间不相交、不相切。

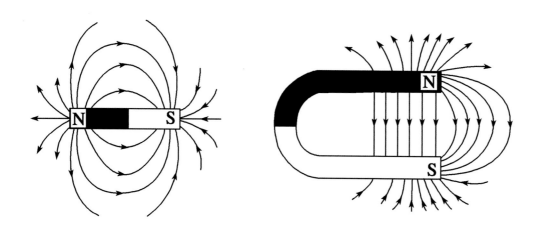

元素空间应用
基础背景

磁力线与电场线通过直观的视觉装饰，作为基础背景，应用于贵宾室、休息室等空间。

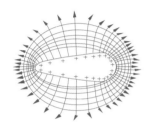

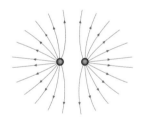

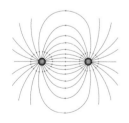

磁力线与电场线通过地毯的装饰形式应用于地面

元素空间应用
功能装饰

磁力线与电场线结合功能装饰，可用于贵宾室、休息室、餐厅、卫生间等空间。

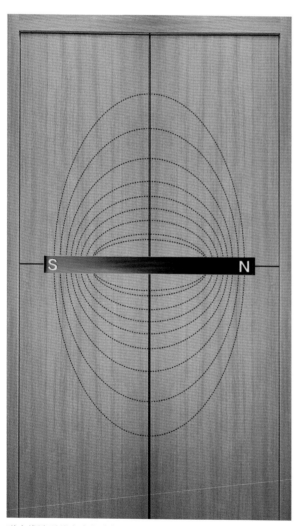

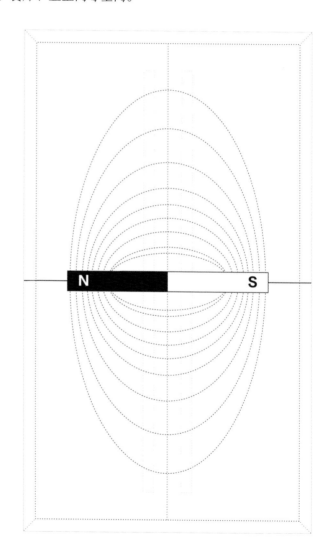

磁力线造型的实木复合门，铜质把手雕刻

将磁场中的南、北极与男、女性别进行符号转换，应用于卫生间入口作为指示标识

8.2
PN 结

PN 结是现代电子技术的基础，是晶体管和集成电路的基础。

在一块硅片上，用不同的掺杂工艺使其一边形成 N 型半导体（参与导电的是带负电的电子），另一边形成 P 型半导体（参与导电的是带正电的空穴），两种半导体的交界面附近的区域为 PN 结。

PN 结最重要的特性是单向导电性。二极管就是由一个 PN 结加上电极引线及管壳封装而成的。

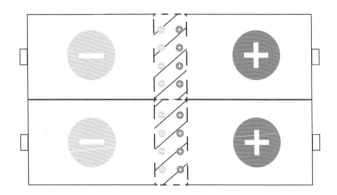

元素空间应用
功能装饰

PN 结转化为视觉元素，作为功能装饰，可用于走廊、
停车场。

将 PN 结元素图形化，应用于停车场地面。一侧为"+"，一侧为"−"，中间的空间电荷区设置停车位挡车器，具备"正向导通，反向截止"
的停车指引性

8.3
集成电路板

集成电路板是采用半导体制作工艺，在一块较小的单晶硅片上把许多晶体管、电阻、电容等元器件通过布线组合成完整的电路。现在的集成电路板尺寸已经可以做到纳米级别。

不同元器件的组合及不同的布线方式形成了各种集成电路图形。

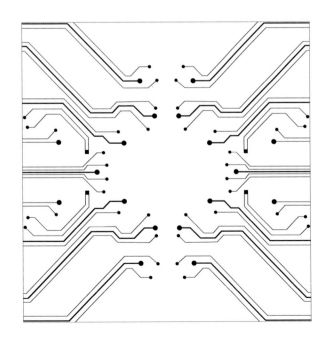

元素空间应用
功能装饰

将集成电路板本身的特点通过艺术化设计，结合不同材质，作为功能装饰元素可应用于大堂、走廊、贵宾室、休息室、餐厅等空间。

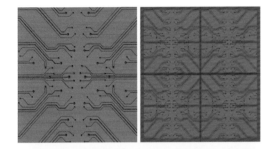

集成电路板艺术化图形通过定制吸声板，应用于墙面，美观且具备一定吸声效果

将集成电路板抽象为电脑装饰图案，通过艺术壁纸结合灯光，应用于墙面

元素空间应用
主题场景

集成电路板通过艺术设计强化主题场景中的互动性与指引性，可应用于电梯厅、楼梯等空间。

集成电路板通过艺术化设计形成数字标识，结合金属板烤漆、亚克力等材质，应用于墙面

9

"元素周期表"
转化的独特徽标

元素周期表

元素周期表是宇宙中已知的、可能存在的所有元素的大集合，是现实世界的基本目录。

元素周期表是 1869 年由俄国科学家门捷列夫首先创造的，他将当时已知的 63 种元素依相对原子质量大小以表的形式排列，把有相似化学性质的元素放在同一列，制成元素周期表的雏形。经过多年修订后才成为现在的周期表，目前归纳了已知的 118 种元素。

元素周期表能够准确地预测各种元素的特性及其之间的关系，因此它在化学及其他科学范畴中被广泛使用。

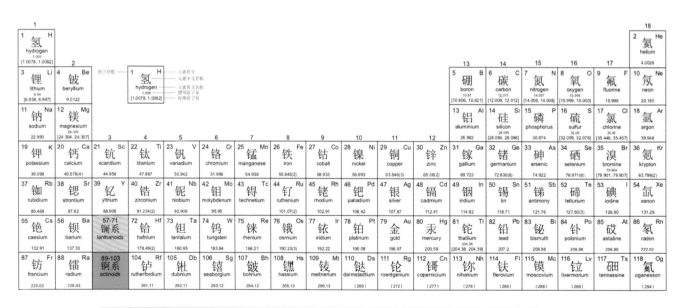

元素空间应用
基础背景

根据元素周期表的排列特性，将其结合不同材质，作为基础背景，应用于大堂、走廊、贵宾室、餐厅等空间的墙面和门窗。

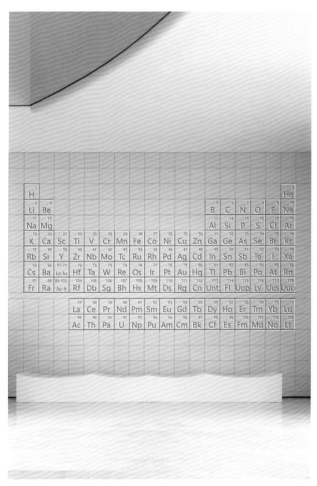

元素周期表通过凹凸水泥板，立体化应用于墙面

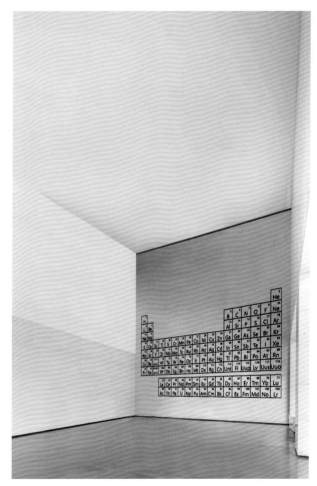

元素周期表通过定制烤漆板应用于墙面

元素周期表通过定制镜面不锈钢
应用于墙面

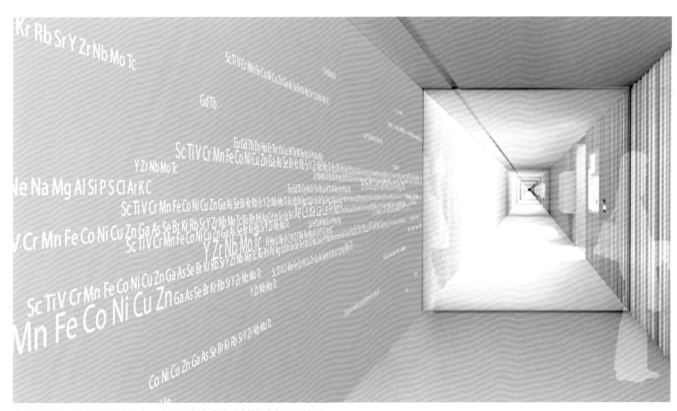

化学元素通过扁平化排列设计，采用亚克力背光雕刻材质应用于墙面

元素空间应用
功能装饰

元素周期表突出元素属性，可作为功能装饰元素，应用于大堂、走廊、贵宾室、休息室、餐厅、卫生间等空间。

元素周期表定制造型铜把手，多元化展现元素特点

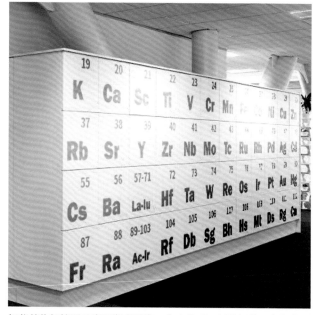

智能储物柜按照元素周期表顺序，依次排列。标注相关元素与位置
序号，直观、清晰、新颖，并具备储物功能

元素周期表从顶面到墙面贯穿整个空间，结合照明设计，根据照度需求，利用智能灯光控制系统，对不同元素灯光模块进行开关调节

元素空间应用
主题场景

化学元素通过艺术设计，
作为主题场景，应用于大
堂、天井等开阔空间。

单体雕刻的化学元素，以集聚
与扩散的组合形式，形成艺术
装置，通过灯光照射，实现虚
实结合的氛围

装置细节图

10

中国科学家
对人类健康的贡献

10.1
青蒿素

2015 年，屠呦呦因"青蒿素的发现"获得诺贝尔生理学或医学奖，这是我国科学研究首次获得这一享有全球盛誉的科学大奖 。

青蒿素为无色针状结晶，跟味精有点相似，对治疗疟疾有良好的疗效。随着研究的深入，青蒿素被发现有更多的应用价值。

"青蒿素的发现"的突出特点是通过化学、物理、生物等综合手段获得青蒿素碳、氢、氧三种元素质量比以及青蒿素的分子立体结构和绝对构型。

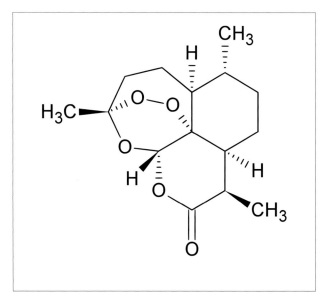

青蒿素结构式

元素空间应用
基础背景

以青蒿素分子式作为设计元素，结合基础背景，采用不同材质，应用于大堂、走廊、餐厅等空间。

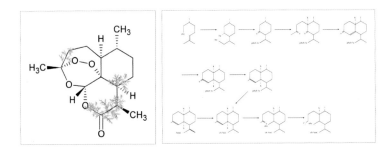

将青蒿素的合成途径、青蒿素分子结构以及植物原型，通过玻璃贴、磨砂玻璃应用于玻璃隔断的展现

青蒿素合成途径通过拉丝不锈钢应用于墙面的装饰

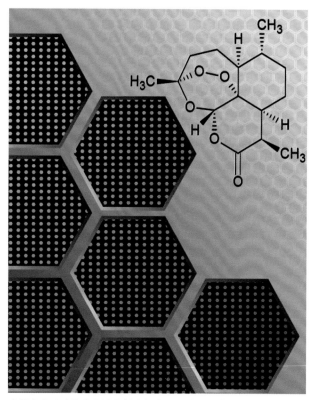

青蒿素分子式结合金属雕刻孔板应用于墙面的装饰

元素空间应用
功能装饰

青蒿素通过不同的展现方
式作为功能装饰元素，可
用于大堂、走廊、贵宾室、
休息室等空间。

青蒿素分子式应用于近似苯环
的木结构展示橱窗

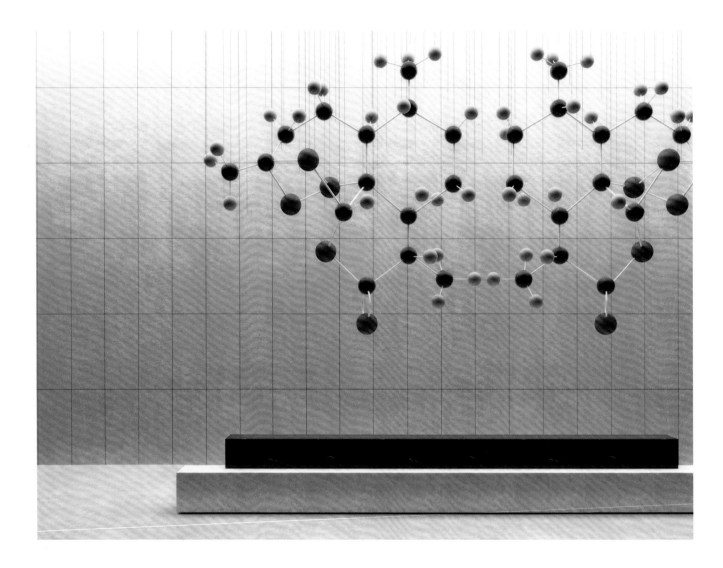

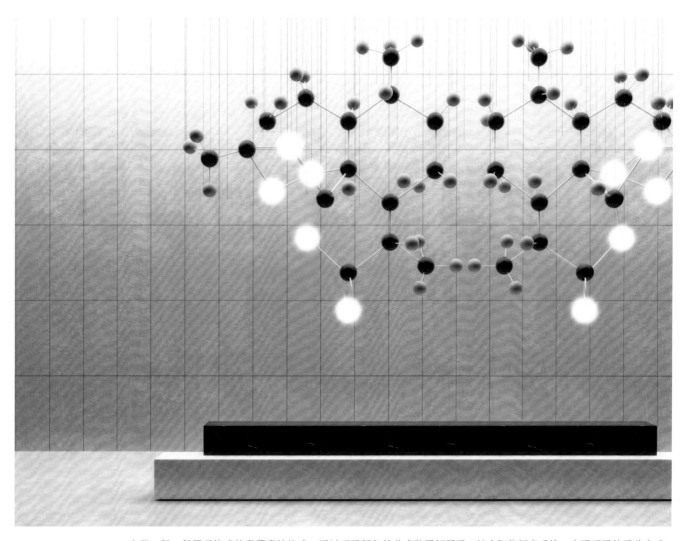

由碳、氢、氧原子构成的青蒿素结构式，通过不同颜色的艺术装置灯展现，结合智能灯光系统，实现不同的开关方式

元素空间应用
主题场景

利用青蒿素自身的特点，强化空间构成感，形成主题场景互动空间，应用于等候区、休息区等空间。

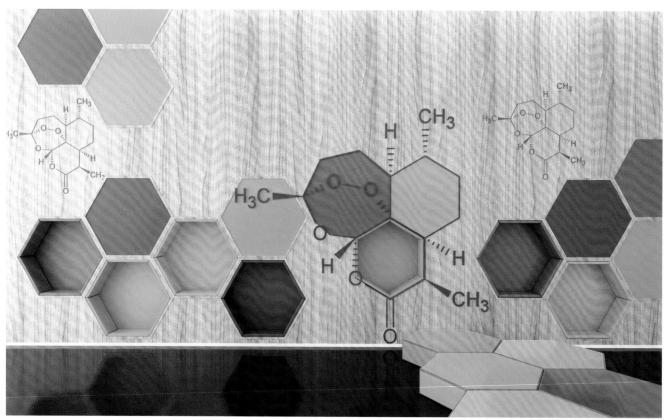

将青蒿素分子式、结构式、合成途径等内容配合苯环状木结构凹槽，应用于墙面，内置互动彩色软包座椅，为空间增添趣味性与功能性

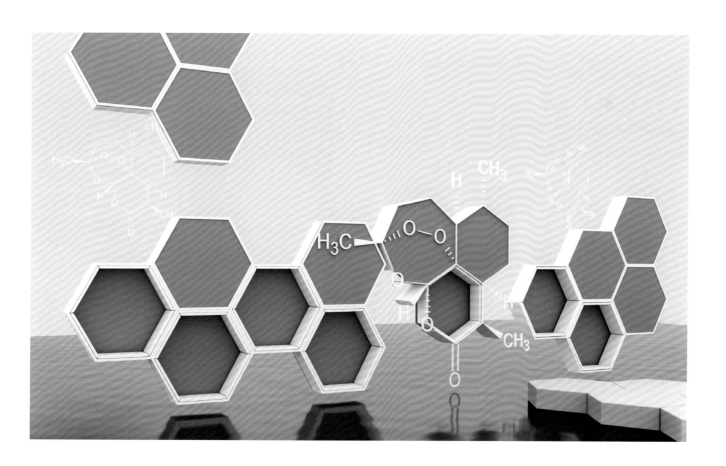

10.2
牛胰岛素

1965 年 9 月 17 日，我国完成了结晶牛胰岛素的全合成。它的结构、生物活力、物理化学性质、结晶形状都和天然的牛胰岛素完全一样。它是世界上第一个人工合成的蛋白质，是人类认识生命、揭开生命奥秘迈出的一大步。

牛胰岛素在医学上有抗炎、抗动脉硬化、抗血小板聚集、治疗骨质增生、治疗精神疾病等作用。牛胰岛素分子式为 $C_{254}H_{377}N_{65}O_{75}S_6$，是一条由 21 个氨基酸组成的 A 链和另一条由 30 个氨基酸组成的 B 链，通过两对二硫链连接而成的一个双链分子，而且 A 链本身还有一对二硫键。如果替换其中 3 个氨基酸，就变成人的胰岛素分子结构。

人工合成牛胰岛素模型（图片源于网络）

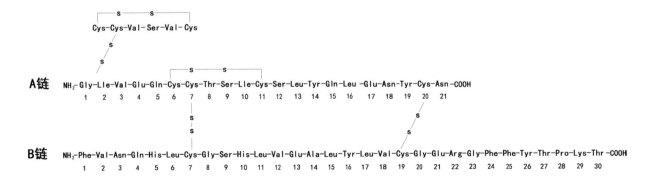

牛胰岛素的氨基酸序
列通过拉丝不锈钢应
用于墙面的装饰

"量子力学理论"
承载的风景

11.1
量子力学——不确定性原理

量子力学是研究微观世界的系列物理理论，它从根本上改变了人类对物质结构及其相互作用的理解。

不确定性原理是量子力学最基本的原理，也是量子力学中最需要思考的理论。在微观世界里，你不可能同时知道一个粒子的位置和它的速度，它完全不同于我们知晓的宏观世界物质状态。

物理学"四大神兽"之一——"薛定谔的猫"，是解释不确定性原理的思维实验：把一只猫关在放了毒药的密闭盒子里，释放毒药的开关具有量子的不确定特性，如果不揭开盖子观察，我们永远不知道猫是死是活，猫将永远处于既死又活的叠加态。在量子世界里，当盒子处于关闭状态时，整个系统一直保持不确定性状态，即猫生死叠加态。猫到底是死是活必须在盒子打开后，被观测者观测时，才会出现一个"死"或者"活"的确定状态。

如果镭不发生衰变，猫就活着

如果镭发生衰变，将触发机关打碎毒药瓶，猫就死了

镭的衰变和不衰变状态是不确定的，导致猫处于死与活的叠加状态

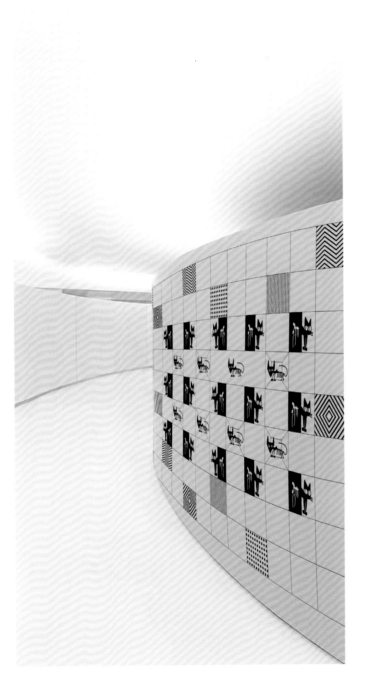

元素空间应用
基础背景

将量子力学中不确定性原理的代表"薛定谔的猫"艺术化为设计元素，作为基础背景，应用于大堂、走廊、贵宾室、休息室、餐厅等空间。

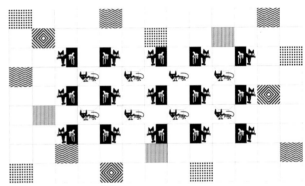

通过"黑与白""正常猫与骨架猫"等不同"薛定谔的猫"的创意图案，展现猫"生与死"的不确定性，结合其他构成图案，通过马赛克材质的应用，组成一幅弧形画面

11.2
量子力学——薛定谔方程

因为微观系统中粒子不同于宏观世界物体的运动状态，是以概率方式出现，具有不确定性，所以粒子状态模型无法用经典力学的模型描述。薛定谔方程是描述粒子状态的有效工具。它跳出经典力学的思维，不测量粒子的轨迹而是测量粒子能量，能准确描绘出粒子的概率波动曲线。

每个微观系统都有一个相应的薛定谔方程式，它看似经典力学的普通波动方程，但如果用数学微分方法解出它，你会惊奇地发现量子化的、阶梯状的能量等级从方程中自然而然分化出来，微观系统的状态模型也呈现出来。

此方程有对时间的微分，也有对空间的微分。如果描述微观粒子在某一时刻的状态，则用定态薛定谔方程求解得到这个时刻的概率波动曲线；如果描述微观粒子在某一空间的状态，则用一维薛定谔方程或者三维薛定谔方程求解得到这个空间的概率波动曲线。

薛定谔方程的完整形式为：

$$i\hbar \frac{\partial \Psi}{\partial t} = -\hbar^2 \frac{\nabla^2}{2m} + U\Psi$$

$$-\frac{\hbar^2}{2\mu} \frac{\partial^2 \Psi(x,\ t)}{\partial x^2} + U(x,\ t)\ \Psi(x,\ t) = i\hbar \frac{\partial \Psi(x,\ t)}{\partial t}$$

一维薛定谔方程

$$-\frac{\hbar^2}{2\mu} \left(\frac{\partial^2 \Psi}{\partial x^2} + \frac{\partial^2 \Psi}{\partial y^2} + \frac{\partial^2 \Psi}{\partial z^2} \right) + U(x,\ y,\ z)\Psi = i\hbar \frac{\partial \Psi}{\partial t}$$

三维薛定谔方程

$$-\frac{\hbar^2}{2\mu} \nabla^2 \Psi + U\Psi = E\Psi$$

定态薛定谔方程

元素空间应用
基础背景

将薛定谔方程解出的概率波动曲线视觉化，作为基础背景装饰元素，应用于走廊、楼梯的墙面。

薛定谔方程通过艺术水泥漆在墙面展现

元素空间应用
主题场景

薛定谔方程结合互动装置作为主题场景装饰元素，可应用于等候区、休息区、互动区等空间。

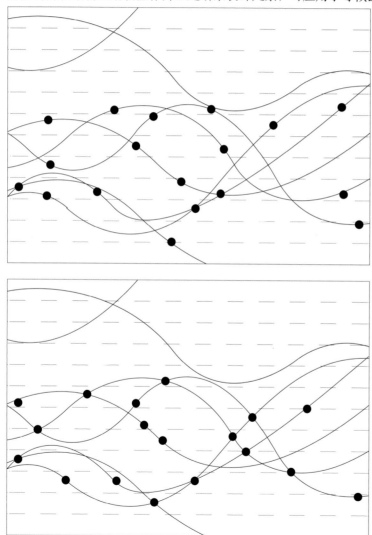

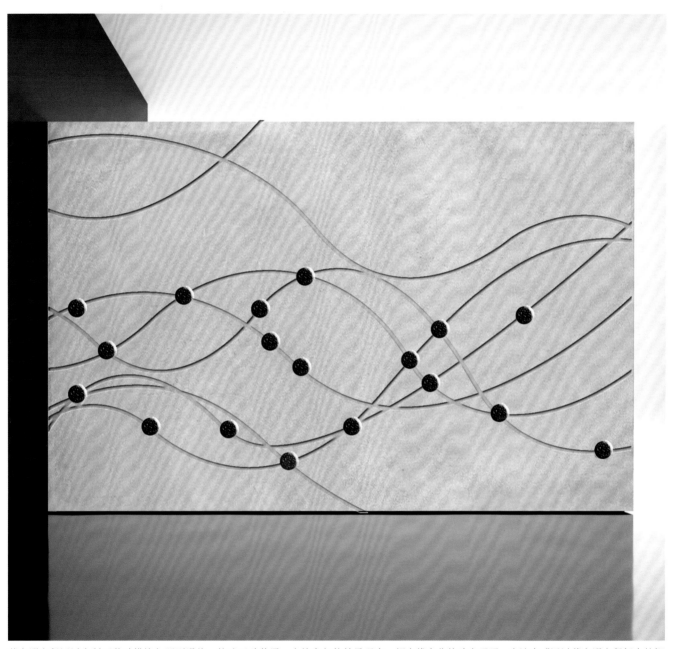

薛定谔方程通过定制可移动模块与凹形滑轨，构成互动装置，人的参与使其呈现出一幅点线变化的动态画面，表达出"通过薛定谔方程解出的概率波动状态"

11.3
量子力学——费曼图

费曼是位魅力超凡的美国物理学家，他独辟蹊径创立了量子力学理论的符号语言——费曼图。这是继"不确定性原理"和"薛定谔方程"之后的第三种处理量子力学的方式。

费曼图用箭头与线条符号替代复杂的数学方程来描述量子系统中粒子的相互作用机制。不仅使粒子间的相互作用变得形象生动，还体现出粒子相互作用发生的概率。

费曼图构成：各种线表示对应的各种粒子，箭头表示粒子动态方向，圈线表示粒子的相互作用，时间轴表示过程。费曼图表示量子场中实际粒子的反应过程。

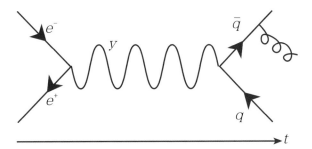

元素空间应用
基础背景

将美观、趣味性的费曼图，作为基础背景装饰元素，可应用于大堂、贵宾室、休息室等空间。

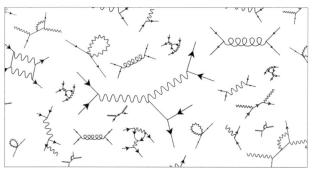

费曼图丰富的装饰图案，通过定制艺术壁纸应用于墙面

元素空间应用
功能装饰

费曼图作为功能装饰元素，可应用于贵宾室、休息室、餐厅等空间。

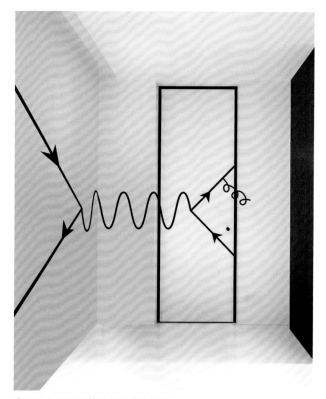

费曼图从墙面延伸至门的装饰展现

12

CHAPTER TWELVE

"宇宙演化"
畅想的延展空间

12.1
宇宙演化

人类探索宇宙几千年，直到爱因斯坦的相对论以及哈勃的发现——星系互相远离，宇宙正在膨胀。关于宇宙起源和演化，大家得出了一个完整而有逻辑且被天文学家们普遍接受的理论。宇宙的演化过程：从约137亿年前宇宙大爆炸开始，经过黑暗时代到星系形成再到现代宇宙，现在宇宙还在快速膨胀。

随着宇宙起源和演化理论的完善以及科技的发展，人类正在一点一点揭开宇宙的帷幕。

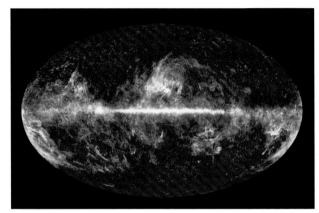

欧洲航天局由"普朗克"太空望远镜拍摄的首张整个宇宙的全景图
［图片源自美国国家航空航天局（NASA）］

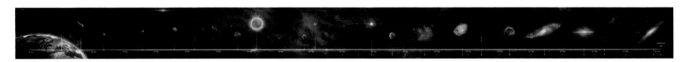

以空间距离为轴的宇宙尺度

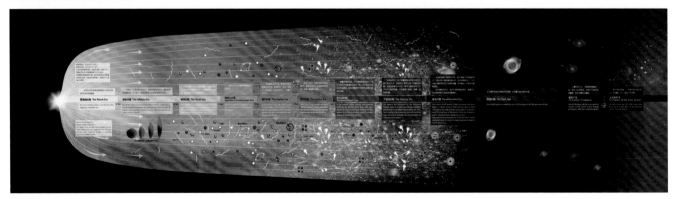

以时间为轴的宇宙演化

元素空间应用
功能装饰

将宇宙尺度图作为功能装饰元素，应用于长廊、坡道等空间，刻度及星系走向具备一定的指引性。

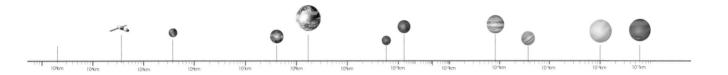

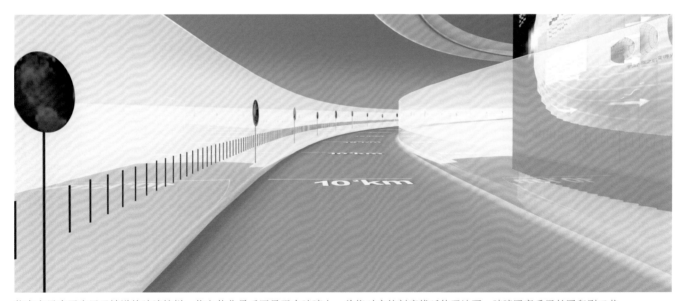

将宇宙尺度图应用于坡道的玻璃护栏，将立体化星系图呈现在玻璃上，并将对应的刻度线延伸至地面，玻璃图案采用丝网印刷工艺，地面刻度采用 3M 地贴材质

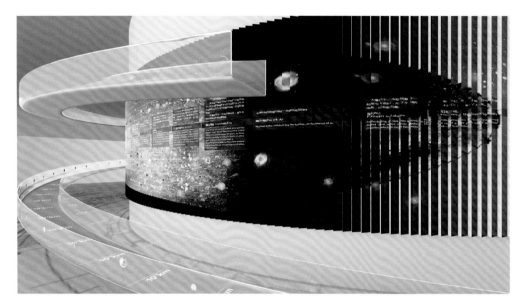

元素空间应用
主题场景

对宇宙全景图与宇宙演化简史图进行综合设计，并将其作为主题墙，应用于大堂、走廊、坡道。

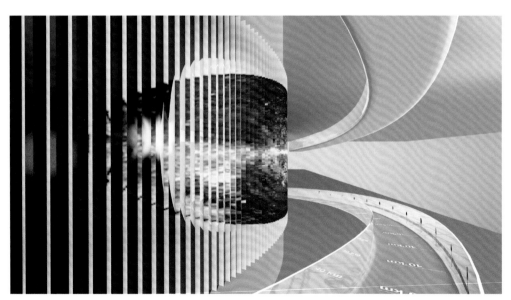

宇宙全景图与宇宙演化简史图通过油画绘制于风琴式立体墙面。上图中，从正面与右侧看，为宇宙演化历程图；下图中，从左侧看，为宇宙全景图。层层叠叠的设计元素和构思也寓意着时间、空间、能量和物质的不断演变

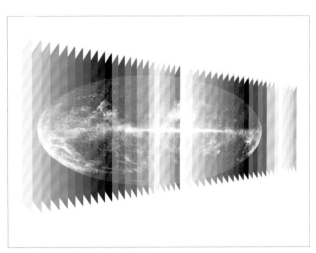

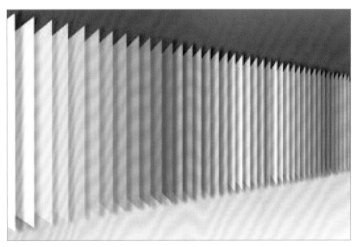

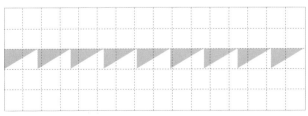

材质：铝板烤漆

应用位置：墙面

图案类型：油画绘制

单体尺寸：定制

工艺说明：钢结构骨架，定制烤漆铝板，面层绘制油画，UV 工艺印制

12.2
太阳系尺度

八大行星与太阳间的距离是用天文单位来表示的，1个天文单位等于太阳到地球的平均距离，即 $1.496×10^8$km。

太阳系八大行星模拟尺寸

星球	星球实际直径 / 千米	星球模拟直径 / 米	行星离太阳实际平均距离 / 天文单位	玻璃园内装饰行星距离装饰太阳的距离 / 米
太阳	1392000	10	0	0
水星	4878	0.035043103	0.38	10.38
金星	12103	0.086946839	0.723	10.723
地球	12742	0.091537356	1	11
火星	6794	0.048807471	1.524	11.524
木星	142984	1.027183908	5.205	15.205
土星	120540	0.865948276	9.576	19.576
天王星	51118	0.367227011	19.18	29.18
海王星	49532	0.355833333	30.13	40.13

说明：1个天文单位等于太阳到地球平均距离 $1.496×10^8$ 千米。如果以1米距离模拟1个天文单位，以直径10米的圆球模拟太阳直径，就能在40米空间内按照真实比例摆放八大行星。摆放形式按照 https://www.meet99.com/sky

"太阳系尺度"等比缩小到建筑装饰中的科学设计：在建筑中可以用 1 米距离模拟 1 个天文单位；星球大小以太阳直径为基础等比缩小，首先在建筑中确定太阳的中心位置和模拟尺寸，然后用巧妙的装饰方法将八大行星合理排布

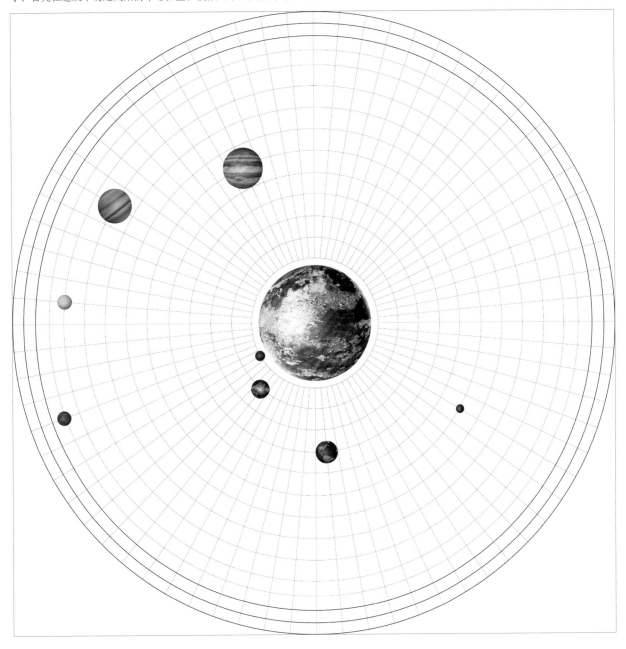

13

"地球演化"
寓意的尺度

13.1
地球演化

地球起源于 46 亿年前的原始太阳星云，经历了星云演化期，逐步演化成太阳系中的一颗行星，并形成自有的地质结构、大气圈、水圈，然后开始出现生命。地球最早的生命出现在约 38 亿年前。

地球生物演化时代划分：
太古代：约 46 亿—25 亿年前。晚期出现了菌类和低等蓝藻。
元古代：约 25 亿—6 亿年前，出现了能进行光合作用与呼吸作用的低等植物；晚期出现海绵、软体珊瑚等原始动物。
古生代：约 5.7 亿—2.45 亿年前，出现藻类、节肢动物、小壳动物、古杯动物、腕足动物、软体动物、低等无脊椎动物，动物活动由海洋转为陆地。
中生代：约 2.52 亿—6600 万年前；动植物大量产生和繁殖，恐龙经历了产生和灭绝。
新生代：约 6500 万年前至今；以哺乳动物和被子植物的高度繁盛为特征，人类出现。

元素空间应用
主题场景

将"地球的生命演化过程"作为设计元素，应用于建筑楼梯空间，形成多元融合的主题场景。

将地球生命演化过程中的生物剪影装饰于墙面，不同时代的代表生物以螺线投影钟的形式动态展现，时间刻度融于步行台阶，多种元素综合演绎出一部生动的演化史

不同时代生命图形演化及鹦鹉螺时钟图案设计示意图

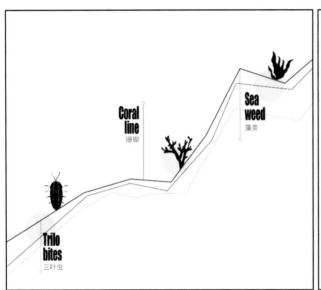 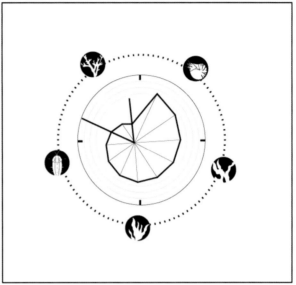

太古代

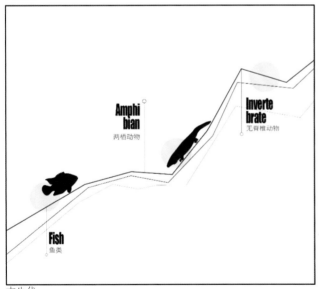 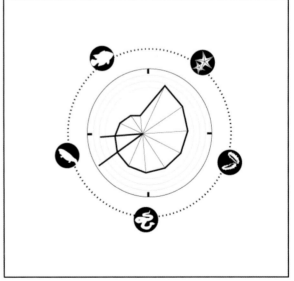

古生代

中生代

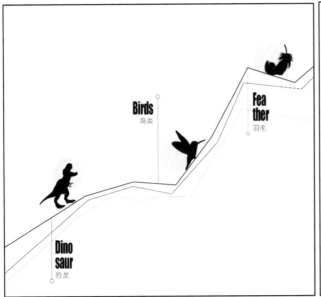

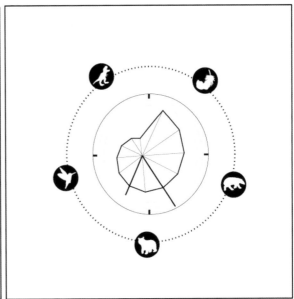

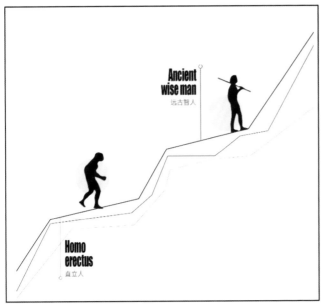

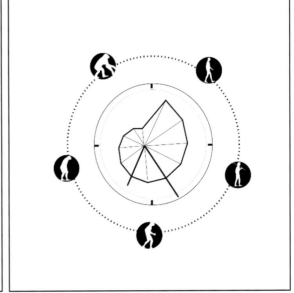

新生代

将年轮、鹦鹉螺等元素构成生命时钟图案，通过 LOGO 灯展现于墙面、地面等位置。

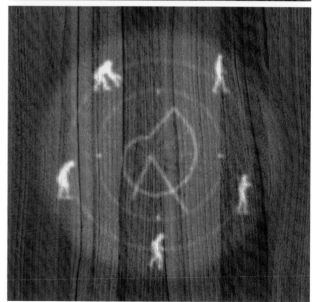

将生命演化过程中出现的生物拼成一幅数字剪影，用于楼层的指示图标。

13.2
生命演化树

元素空间应用
主题场景

将"生命演化树"作为主题场景装饰元素,应用于大堂、走廊的墙面。

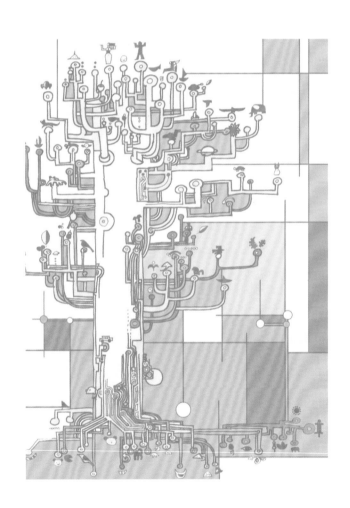

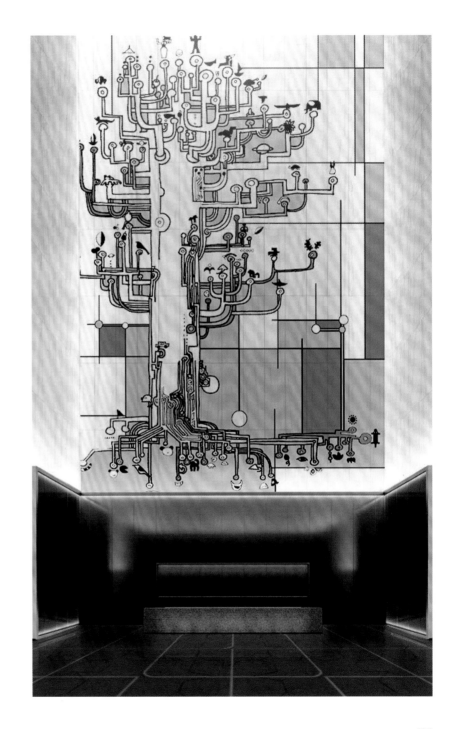

"生命演化树"通过壁画的形式在墙面展现

14

CHAPTER
FOURTEEN

"鸟类起源"
的特色装饰氛围

鸟类起源

鸟类起源于恐龙是目前科学界的一种主流观点。

1861 年在德国巴伐利亚地区发现第一具有羽毛的古鸟化石骨架，据考古证明这鸟生活在 1.4 亿年前的中生代，被命名为"始祖鸟"。始祖鸟有着鸟类及恐龙的特征，与驰龙科很相似。

1996 年中国辽宁朝阳，一位农民发现了一具小恐龙化石，后来被命名为"中华龙鸟"。这是世界上第一具带羽毛的恐龙化石。在随后的 10 多年内，中国科学家又从辽宁、内蒙古和河北发现了中国鸟龙、尾羽龙、小盗龙等许多带羽毛的恐龙。带羽毛的恐龙为什么那么重要呢？其实不难发现，羽毛是现生鸟类区别于其他动物的最明显标志。羽毛的结构又十分复杂，很难认为恐龙的羽毛和鸟类的羽毛没有关系。既然如此，发现恐龙有与鸟类相似的羽毛，就成为支持"鸟类是恐龙的后裔"理论的最有力证据。

元素空间应用
基础背景

四翼小盗龙与鸟类关系密切，形态优美，将其图腾形象作为基础背景，可应用于大堂、走廊、楼梯等空间。

将四翼小盗龙图腾形象通过水泥艺术漆应用于墙面装饰

元素空间应用
功能装饰

以鸟类起源相关内容作为功能装饰中的设计元素，结合不同材质，应用于大堂、走廊、贵宾室、休息室等空间。

将鸟类的爪印足迹定制为立体地砖，应用于地面，作为向前的指引线

将始祖鸟、四翼小盗龙、中华龙鸟等与"鸟类起源"关系密切的动物通过 LOGO 灯照射于墙面及地面，动态指引方向

元素空间应用
主题场景

在主题场景的设计中，将与鸟类起源相关内容结合灯光，应用于大堂、走廊、贵宾室、休息室等空间。

将鸟类形态雕刻于造型艺术灯，通过光影动态的变换，照射至四周空间，虚实结合

将不同形态的鸟类通过轻金属烤漆材质，投影于墙面或地面

15

CHAPTER FIFTEEN

"蝴蝶效应"
呈现的混沌

混沌系统是指系统中的各种现象表现为不确定、不可重复、不可预测，无法对其进行定性定量描述。现实生活中存在很多这样的混沌系统，比如天气系统、人体系统、社会经济等。

而"蝴蝶效应"则是混沌系统的一个概念，它的形象描述是：一只南美洲亚马孙流域的蝴蝶，偶尔扇动几下翅膀，可以在两周以后引起美国得克萨斯州的一场龙卷风。意指：系统中初始条件下微小的变化能带动整个系统长期的巨大的连锁反应。

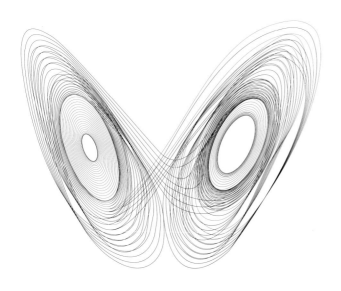

元素空间应用
基础背景

蝴蝶效应作为基础背景装饰元素，结合不同材质，可应用于大堂、走廊、餐厅、卫生间等空间。

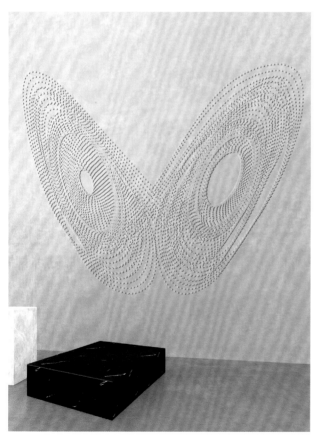

蝴蝶效应通过艺术水泥漆在墙面展现。通过点线面的汇聚，体现蝴蝶效应的混沌系统

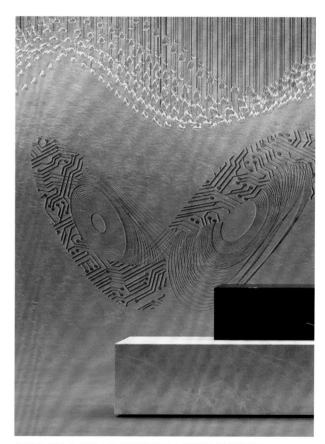

蝴蝶效应结合印刷电路板图案通过定制壁纸在墙面展现

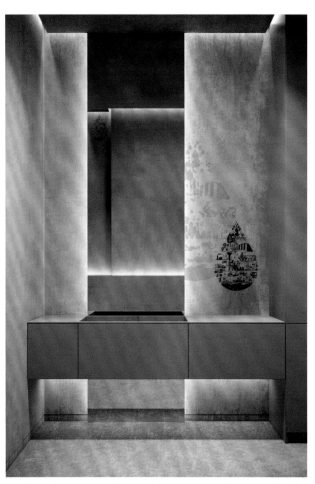

将蝴蝶效应的概念与节约用水理念融于内含"循环小世界"的水滴，应用于卫生间墙面

引用蝴蝶效应的形象描述，结合沙漏图案，用于门的装饰，一端显示蝴蝶的飞舞，一端显示风暴图案，寓意初始条件微小的变化能带动整个系统长期、巨大的连锁反应

元素空间应用
功能装饰

蝴蝶效应结合灯具产品定制，作为功能装饰，应用于贵宾室、休息室、餐厅墙面。

蝴蝶效应中的"混沌图像——洛伦兹的蝴蝶"通过艺术壁灯应用于墙面的装饰

元素空间应用
主题场景

将蝴蝶效应的特殊寓意应用在特殊空间，通过巧妙设计，使其具备主题性，可应用于电梯厅、休息室等空间。

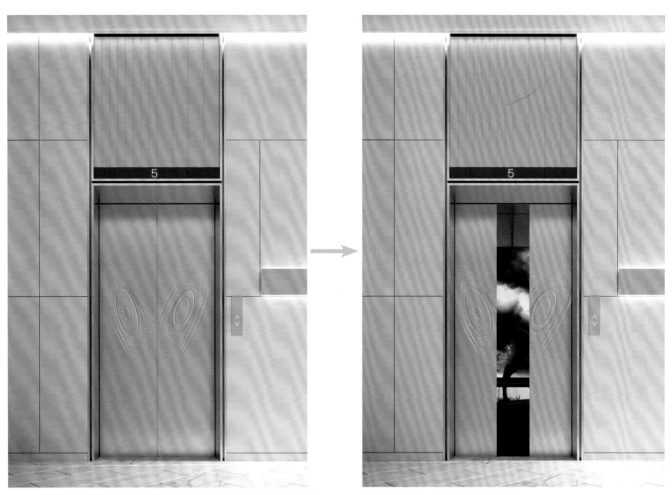

蝴蝶效应通过电梯门与电梯轿厢的场景结合，使之发生情景化的链接

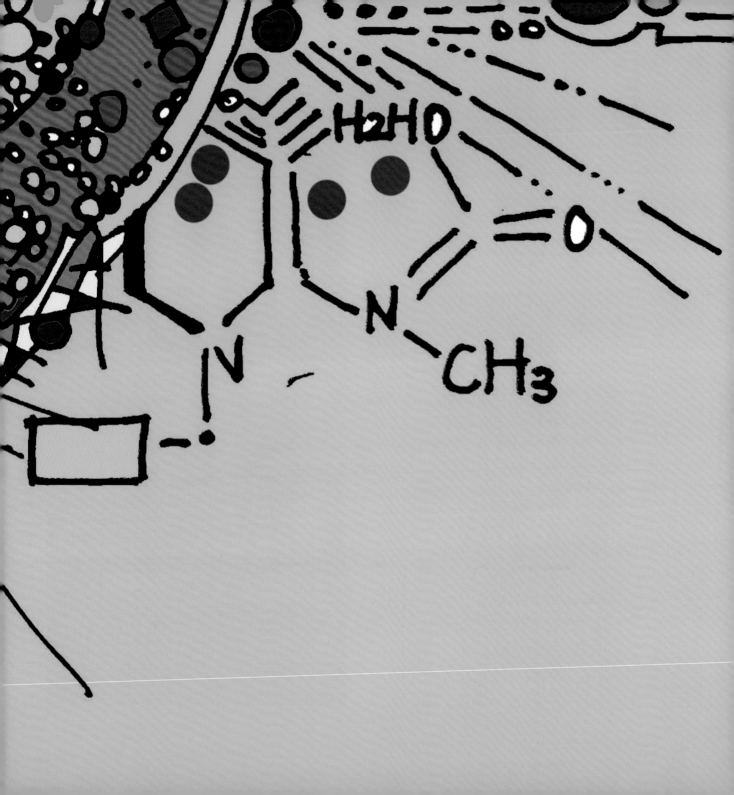

16

CHAPTER SIXTEEN

材质应用与色彩提取

16.1
材质应用

材质影响着建筑装饰的表达，能够赋予设计元素具象表现的能力，让缥缈虚幻的视觉元素被真切感受。我们在本节中所应用的材质仅仅是建筑装饰材料中很少的一部分，通过本节对材质的分类，期待读者可以发挥自身想象力，挖掘材质在应用中的美学潜力。

金属

| 拉丝不锈钢 | 铁板 | 金属丝网 |
| 黄铜 | 拉丝黄铜 | 金属马赛克 |

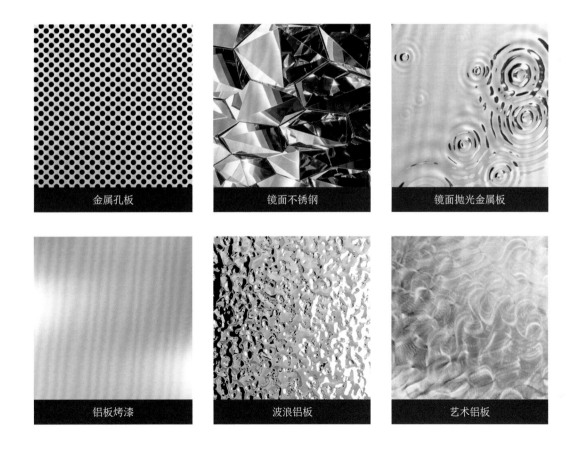

金属孔板

镜面不锈钢

镜面抛光金属板

铝板烤漆

波浪铝板

艺术铝板

玻璃

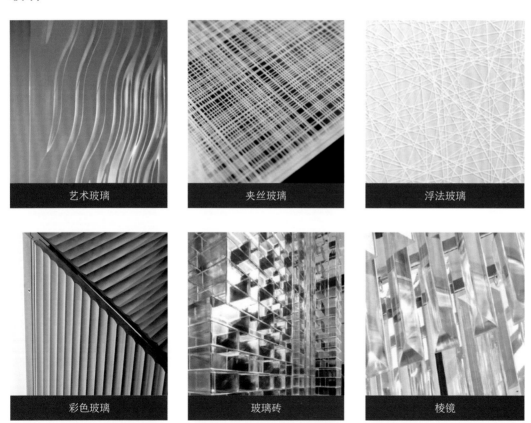

艺术玻璃

夹丝玻璃

浮法玻璃

彩色玻璃

玻璃砖

棱镜

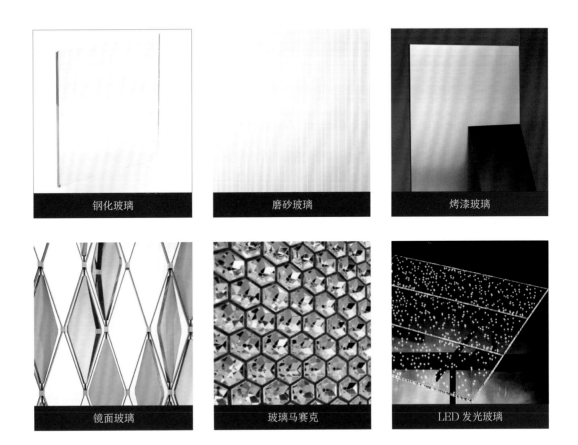

钢化玻璃

磨砂玻璃

烤漆玻璃

镜面玻璃

玻璃马赛克

LED 发光玻璃

木材

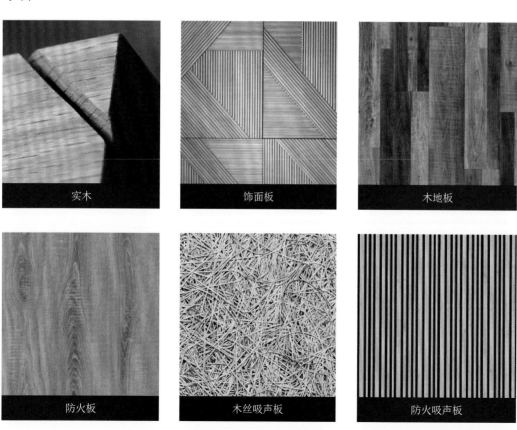

实木

饰面板

木地板

防火板

木丝吸声板

防火吸声板

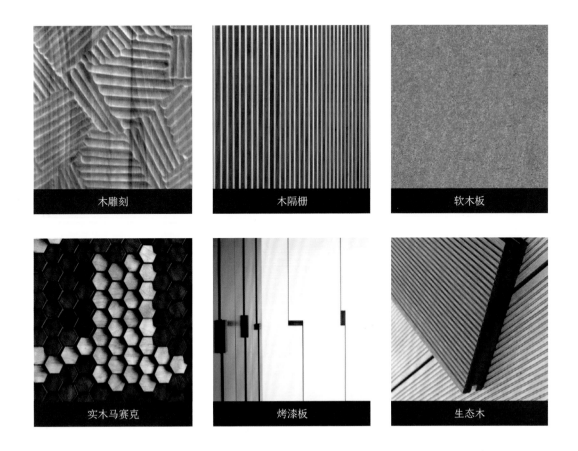

木雕刻

木隔栅

软木板

实木马赛克

烤漆板

生态木

塑料

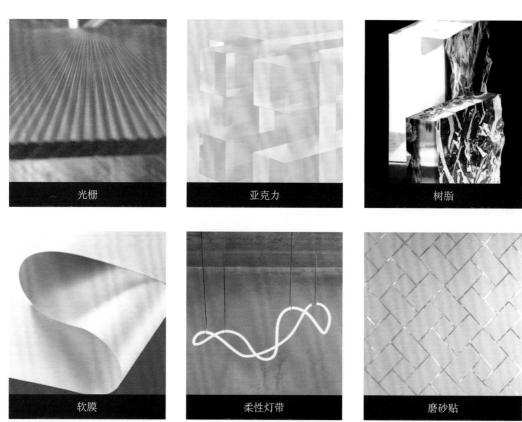

光栅

亚克力

树脂

软膜

柔性灯带

磨砂贴

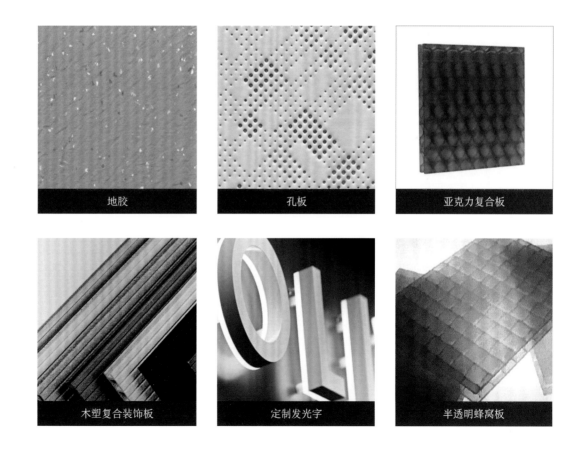

地胶

孔板

亚克力复合板

木塑复合装饰板

定制发光字

半透明蜂窝板

石材、瓷砖、混凝土

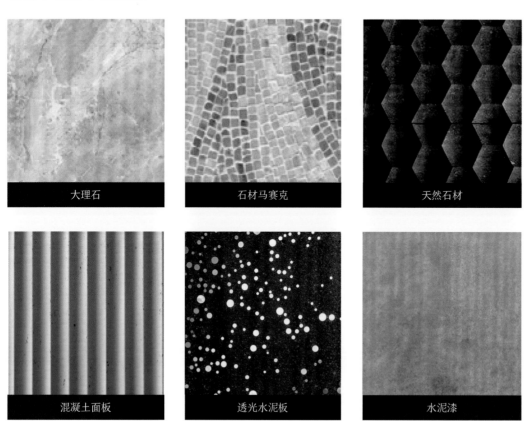

大理石

石材马赛克

天然石材

混凝土面板

透光水泥板

水泥漆

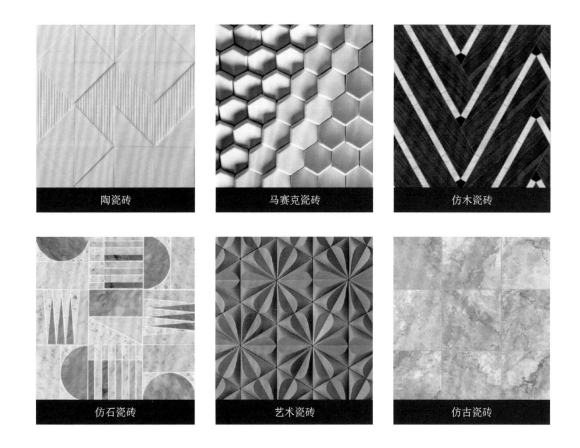

陶瓷砖

马赛克瓷砖

仿木瓷砖

仿石瓷砖

艺术瓷砖

仿古瓷砖

纺织品、涂料、石膏类

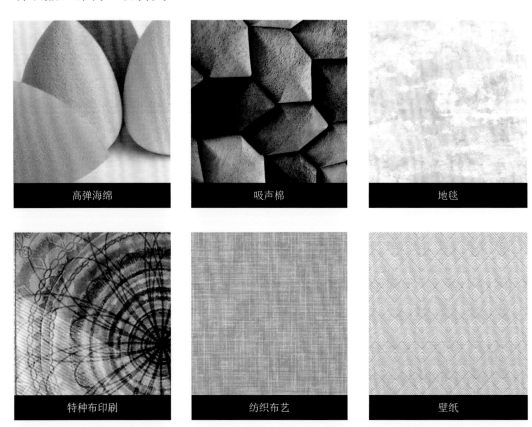

高弹海绵

吸声棉

地毯

特种布印刷

纺织布艺

壁纸

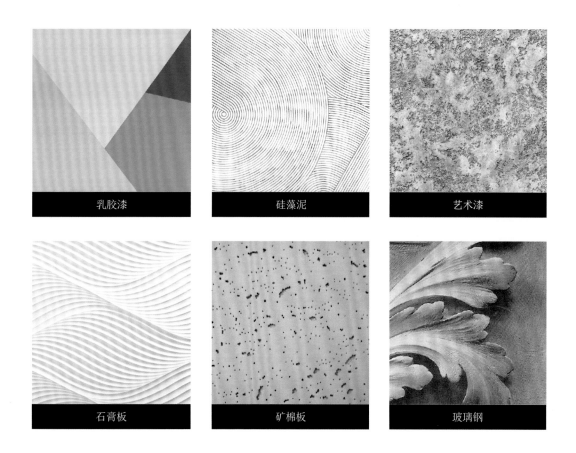

乳胶漆

硅藻泥

艺术漆

石膏板

矿棉板

玻璃钢

新材料

纳米材料

3D 打印

三维瓷砖

毛感吸声表面

太阳能玻璃

再生树脂板

照明铝丙烯画板

发光纺织品

LED 陶瓷砖

动态三维显示系统

零能耗媒体墙

互动地板砖

16.2
色彩提取

色彩是生活中必不可少的一部分，那些源于自然，取于生活的缤纷绚丽、清新淡雅的
颜色，为我们带来的视觉感受和情感共鸣都不容忽视。通过以下的色彩提取，希望给
读者提供更多的启发。

微缩景观——冷色系

C-55	M-15	Y-95	K-0
C-55	M-15	Y-80	K-0
C-80	M-65	Y-100	K-50
C-80	M-55	Y-100	K-20
C-75	M-75	Y-95	K-65
C-55	M-40	Y-70	K-0

C-55	M-35	Y-50	K-0
C-80	M-50	Y-75	K-10
C-90	M-65	Y-75	K-35
C-50	M-30	Y-55	K-0
C-25	M-40	Y-65	K-0
C-80	M-40	Y-75	K-0

C-25 M-10 Y-5 K-0

C-45 M-25 Y-10 K-0

C-80 M-75 Y-70 K-45

C-70 M-60 Y-45 K-0

C-60 M-40 Y-60 K-0

C-55 M-50 Y-55 K-0

C-35 M-5 Y-0 K-0

C-20 M-0 Y-5 K-0

C-80 M-40 Y-25 K-0

C-70 M-35 Y-25 K-0

C-90 M-85 Y-70 K-60

C-30 M-20 Y-15 K-0

微缩景观——暖色系

C-20 M-15 Y-5 K-0

C-10 M-5 Y-10 K-0

C-10 M-10 Y-20 K-0

C-15 M-25 Y-35 K-0

C-20 M-35 Y-50 K-0

C-45 M-55 Y-65 K-0

C-20 M-60 Y-70 K-0

C-0 M-50 Y-75 K-0

C-10 M-35 Y-55 K-0

C-35 M-45 Y-55 K-0

C-50 M-90 Y-100 K-30

C-70 M-90 Y-90 K-70

C-30	M-65	Y-35	K-0
C-20	M-35	Y-20	K-0
C-5	M-15	Y-10	K-0
C-55	M-20	Y-30	K-0
C-75	M-60	Y-45	K-0
C-40	M-65	Y-65	K-0

C-20	M-5	Y-10	K-0
C-25	M-55	Y-35	K-0
C-15	M-25	Y-25	K-0
C-65	M-30	Y-70	K-0
C-85	M-65	Y-85	K-50
C-50	M-60	Y-55	K-0

微缩景观——灰色系

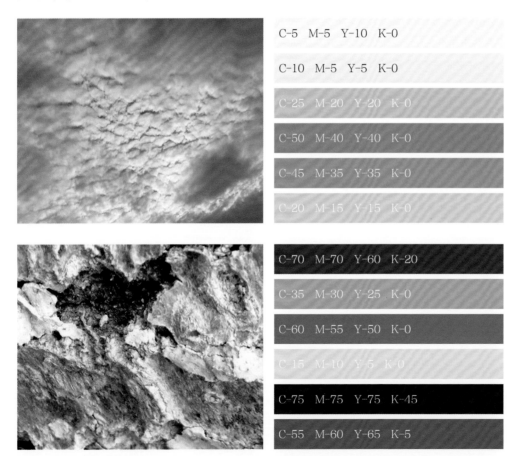

C-5　M-5　Y-10　K-0

C-10　M-5　Y-5　K-0

C-25　M-20　Y-20　K-0

C-50　M-40　Y-40　K-0

C-45　M-35　Y-35　K-0

C-20　M-15　Y-15　K-0

C-70　M-70　Y-60　K-20

C-35　M-30　Y-25　K-0

C-60　M-55　Y-50　K-0

C-15　M-10　Y-5　K-0

C-75　M-75　Y-75　K-45

C-55　M-60　Y-65　K-5

C-10　M-25　Y-40　K-0

C-20　M-35　Y-50　K-0

C-70　M-70　Y-80　K-35

C-40　M-55　Y-60　K-0

C-35　M-25　Y-30　K-0

C-45　M-35　Y-40　K-0

C-30　M-15　Y-20　K-0

C-55　M-25　Y-20　K-0

C-35　M-20　Y-20　K-0

C-50　M-35　Y-40　K-0

C-40　M-20　Y-20　K-0

C-70　M-50　Y-50　K-0

自然景观——冷色系

C-35	M-15	Y-5	K-0
C-55	M-35	Y-20	K-0
C-90	M-75	Y-45	K-10
C-30	M-35	Y-30	K-0
C-50	M-30	Y-10	K-0
C-60	M-10	Y-15	K-0

C-45	M-25	Y-15	K-0
C-75	M-50	Y-20	K-0
C-95	M-80	Y-40	K-5
C-85	M-70	Y-50	K-10
C-100	M-85	Y-70	K-60
C-85	M-70	Y-60	K-25

C-35	M-10	Y-30	K-0
C-70	M-60	Y-100	K-25
C-45	M-30	Y-45	K-0
C-55	M-50	Y-50	K-0
C-80	M-30	Y-25	K-0
C-65	M-60	Y-70	K-15

C-90	M-70	Y-80	K-50
C-40	M-15	Y-65	K-0
C-85	M-65	Y-85	K-50
C-10	M-20	Y-20	K-0
C-55	M-50	Y-100	K-5
C-55	M-50	Y-60	K-0

自然景观——暖色系

C-10	M-35	Y-70	K-0
C-50	M-70	Y-100	K-15
C-35	M-55	Y-100	K-0
C-80	M-65	Y-100	K-45
C-75	M-50	Y-85	K-10
C-55	M-65	Y-100	K-20

C-15	M-30	Y-40	K-0
C-20	M-45	Y-50	K-0
C-45	M-50	Y-50	K-0
C-70	M-70	Y-55	K-10
C-70	M-75	Y-80	K-50
C-45	M-55	Y-40	K-0

C-30 M-15 Y-10 K-0

C-25 M-45 Y-30 K-0

C-15 M-50 Y-35 K-0

C-25 M-55 Y-65 K-0

C-25 M-35 Y-55 K-0

C-10 M-35 Y-45 K-0

C-30 M-10 Y-10 K-0

C-5 M-20 Y-25 K-0

C-15 M-30 Y-35 K-0

C-55 M-75 Y-80 K-25

C-50 M-70 Y-80 K-10

C-0 M-30 Y-40 K-0

自然景观——灰色系

C-5　M-5　Y-5　K-0

C-20　M-5　Y-10　K-0

C-60　M-50　Y-50　K-0

C-85　M-30　Y-30　K-0

C-25　M-20　Y-20　K-0

C-5　M-5　Y-15　K-0

C-15　M-10　Y-10　K-0

C-20　M-25　Y-30　K-0

C-45　M-50　Y-50　K-0

C-70　M-70　Y-65　K-20

C-80　M-80　Y-75　K-55

C-30　M-40　Y-40　K-0

C-30 M-20 Y-25 K-0

C-0 M-20 Y-15 K-0

C-15 M-15 Y-15 K-0

C-55 M-50 Y-45 K-0

C-45 M-40 Y-35 K-0

C-35 M-45 Y-50 K-0

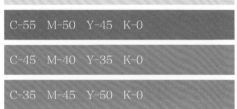

C-0 M-10 Y-10 K-0

C-5 M-15 Y-5 K-0

C-15 M-15 Y-5 K-0

C-30 M-20 Y-5 K-0

C-55 M-35 Y-30 K-0

C-45 M-30 Y-20 K-0

生活场景——冷色系

C-80 M-65 Y-40 K-0	
C-20 M-10 Y-15 K-0	
C-45 M-35 Y-30 K-0	
C-80 M-70 Y-55 K-20	
C-55 M-30 Y-30 K-0	
C-85 M-80 Y-55 K-25	

C-15 M-5 Y-5 K-0	
C-35 M-15 Y-15 K-0	
C-70 M-50 Y-40 K-0	
C-80 M-65 Y-60 K-20	
C-20 M-25 Y-30 K-0	
C-5 M-5 Y-5 K-0	

C-30 M-15 Y-5 K-0

C-60 M-50 Y-45 K-0

C-70 M-30 Y-60 K-0

C-15 M-40 Y-45 K-0

C-80 M-55 Y-100 K-30

C-15 M-15 Y-35 K-0

C-80 M-50 Y-30 K-0

C-25 M-40 Y-30 K-0

C-30 M-10 Y-0 K-0

C-35 M-25 Y-20 K-0

C-45 M-30 Y-25 K-0

C-85 M-75 Y-70 K-50

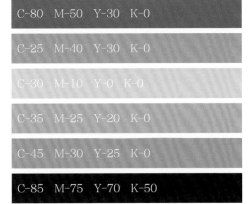

生活场景——暖色系

C-25	M-35	Y-60	K-0
C-15	M-25	Y-55	K-0
C-70	M-70	Y-75	K-40
C-40	M-55	Y-70	K-0
C-40	M-45	Y-55	K-0
C-20	M-30	Y-55	K-0

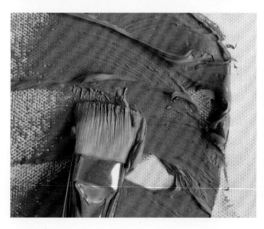

C-40	M-65	Y-65	K-0
C-45	M-45	Y-50	K-0
C-60	M-75	Y-75	K-25
C-30	M-30	Y-40	K-0
C-20	M-45	Y-55	K-0
C-10	M-10	Y-10	K-0

C-10　M-20　Y-65　K-0

C-70　M-65　Y-80　K-35

C-40　M-60　Y-85　K-0

C-80　M-75　Y-70　K-50

C-45　M-70　Y-60　K-0

C-50　M-35　Y-65　K-0

C-20　M-35　Y-55　K-0

C-20　M-45　Y-70　K-0

C-10　M-30　Y-55　K-0

C-45　M-60　Y-70　K-0

C-25　M-25　Y-40　K-0

C-65　M-70　Y-65　K-20

生活场景——灰色系

C-15	M-10	Y-10	K-0
C-25	M-45	Y-40	K-0
C-25	M-20	Y-30	K-0
C-25	M-20	Y-25	K-0
C-10	M-10	Y-15	K-0
C-20	M-25	Y-20	K-0

C-60	M-65	Y-75	K-15
C-55	M-50	Y-45	K-0
C-30	M-30	Y-30	K-0
C-15	M-25	Y-35	K-0
C-15	M-20	Y-25	K-0
C-30	M-30	Y-35	K-0

C-50 M-45 Y-40 K-0

C-30 M-30 Y-35 K-0

C-75 M-70 Y-65 K-25

C-40 M-35 Y-35 K-20

C-20 M-15 Y-20 K-0

C-45 M-40 Y-45 K-0

C-20 M-20 Y-20 K-0

C-10 M-0 Y-10 K-0

C-25 M-25 Y-30 K-0

C-20 M-15 Y-15 K-0

C-15 M-5 Y-5 K-0

C-30 M-25 Y-25 K-0